人類は何を失いつつあるのか

山極寿一　関野吉晴

朝日文庫

本書は二〇一八年三月、東海教育研究所より
刊行されたものです。

まえがき

山極寿一

誰も知らないことを知りたい、誰も見たことのない場所へ行ってみたい、という欲望は人間に独特な感性である。私が長らく研究してきたゴリラも、ほかのどんな動物だってそんなことを生きる目標にしたりしないだろう。彼らは知らないものに出会ったら、それは何か、自分にとって有用なものかどうか、確かめようとする。しかし、わざわざ未知の場所に出かけて行ったりはしない。それは常に危険を伴う旅だからだ。自分や仲間がよく知っている環境で暮らしていたほうが安全に決まっている。なぜ人間だけが大きな危険を冒してまで、未知の世界へ挑戦し続けてきたのだろうか。そして、その野心と好奇心はいま、世界をどのように変えようとしているのか。それが本書のテーマである。

関野吉晴さんは、人類のグレートジャーニーに陸と海から挑んできた。アフリカ大陸で誕生したわれわれの祖先がユーラシア大陸を横断して新大陸を縦断し、チリの最南端に行き着くまでの道程を逆に辿《たど》り、日本列島にやってきた人類の祖先を南西の海の道に求めて、スラウェシ島から手製の小舟で荒海を漂流した。それは、それぞれの場所で先住民と呼ばれるわれわれとは異なる文化を持つ人々との出会いの旅でもあった。また、彼はその旅を続けるきっかけとなったアマゾン奥地の狩猟採集民の村に四十年以上も通い続けている。

私もゴリラの調査を始めたコンゴ盆地の東端の村に四十年通い続けてきた。私の興味は、人類がグレートジャーニーを始める前、すなわち出アフリカを達成する前に、いったいどんな進化があったのかを探り当てることにある。人類に近縁な類人猿ゴリラとチンパンジーはいまだにアフリカの熱帯雨林を離れることなく暮らしている。七百万年前にチンパンジーとの共通祖先から分かれた人類の祖先はなぜ、豊かで安全な熱帯雨林を離れようとしたのだろう。そのためにどんな身体と心の変化が必要だったのか。そして、それは人類の社会力をどのように育てたのだろうか。

関野さんと私の話は時代を変えながら、人間の持っている不思議な能力へと収斂《しゅうれん》していく。それは他者をいたわる共感力と、他者によって作られるアイデンティティーである。現在の私たちはそれを言葉によって表現するが、言葉が登場する前にその基本的な能力は完成していたと私は思う。言葉が使われ始めた約七万年前よりずっと以前の約百八十万年前に、人類はアフリカ大陸を出ているからだ。家族と共同体という二重構造を持つ社会の力が、その進出の原動力になったと私は思う。しかし、われわれ現代人ホモ・サピエンスがシベリアの極寒の地を経て新大陸へ、海を渡ってオーストラリア大陸へと進出するのは言葉が登場してのちのことである。言葉は人類に見えないもの、見たことがないものを表現する力を与え、未知の世界と往還する可能性を大きく広げたのだ。

だがいま、グレートジャーニーを通じて人類が鍛え上げてきた野心や好奇心が弱まっている。地球上の至る所に人間の手が及び、コミュニケーション機器の発達によって未知のことがなくなったと考えられているせいかもしれない。あるいは自分のことばかりに忙しすぎて、未知のことを他者と分かち合い、挑戦を称え合う精神が薄れてしまったせいかもしれない。

関野さんも私も大学教育の現場に立つ教員でもある。話は自然に、未来を背負う若者たち、日本社会の現状や将来に及んだ。未知への挑戦、発見ののちには、必ず技術革新や社会の変革が来る。そして技術への過信は人間性の無視や抑圧に繋がる危険を伴う。人間の手によって地球環境が劣化していくなか、情報通信技術と医学・生命科学の急速な発展によって、私たちは人間や社会の定義を大きく変更する時代に直面している。

関野さんと私の話を通じて、人類の来た道を振り返り、現代と未来を確かな目で見つめ直していただければ幸いである。

目次

地図作成　丸山　純

ゴリラの主な調査地

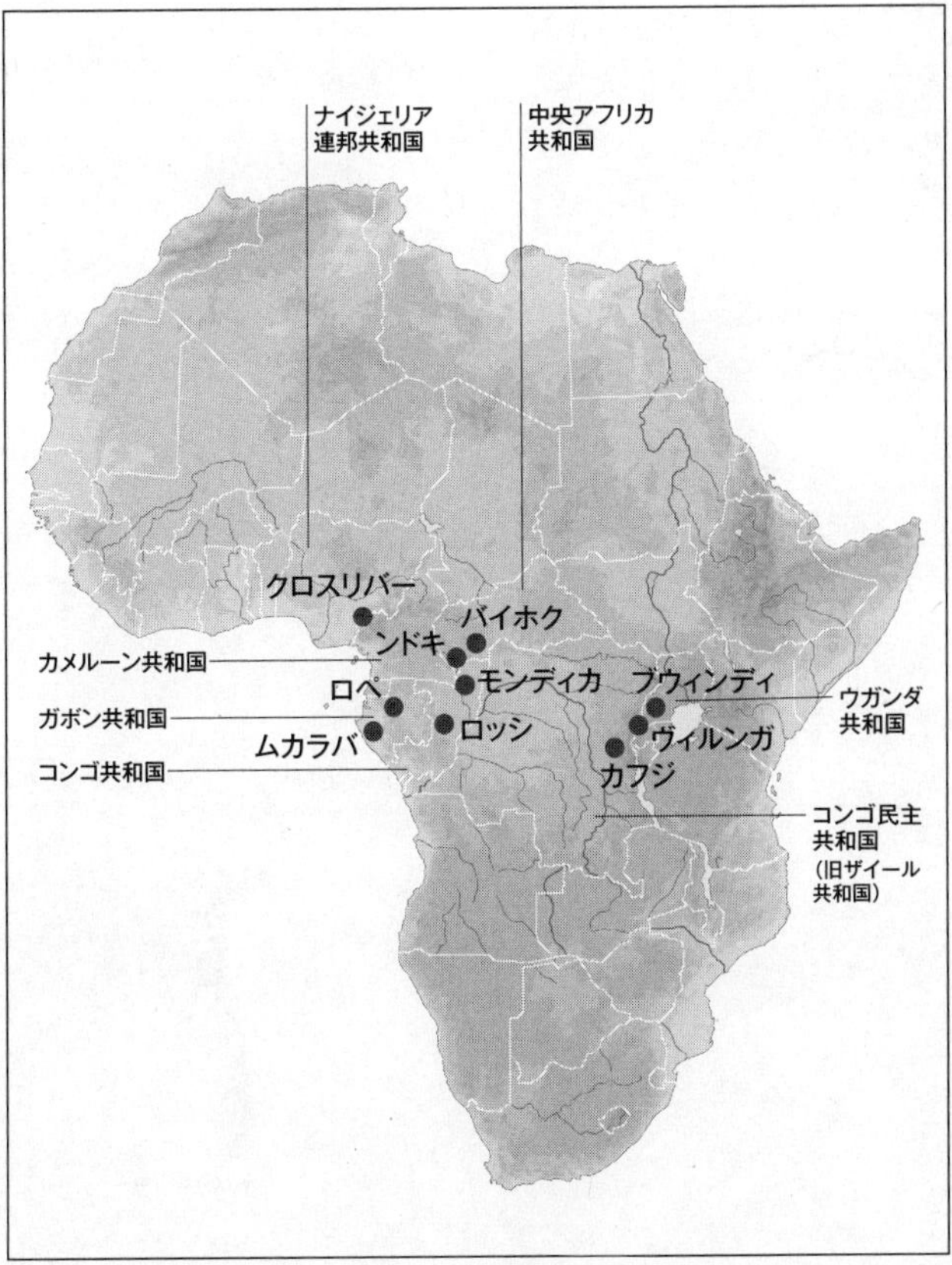
ナイジェリア
連邦共和国
中央アフリカ
共和国
クロスリバー
バイホク
ンドキ
カメルーン共和国
モンディカ
ロペ
ガボン共和国
ロッシ
ムカラバ
コンゴ共和国
ブウィンディ
ウガンダ
共和国
ヴィルンガ
カフジ
コンゴ民主
共和国
（旧ザイール
共和国）

グレートジャーニー（実線）
……1993～2002

新グレートジャーニー（点線）
北方ルート……2004～2005
中央ルート……2005～2007
海上ルート……2008～2011

グレートジャーニー ルート図

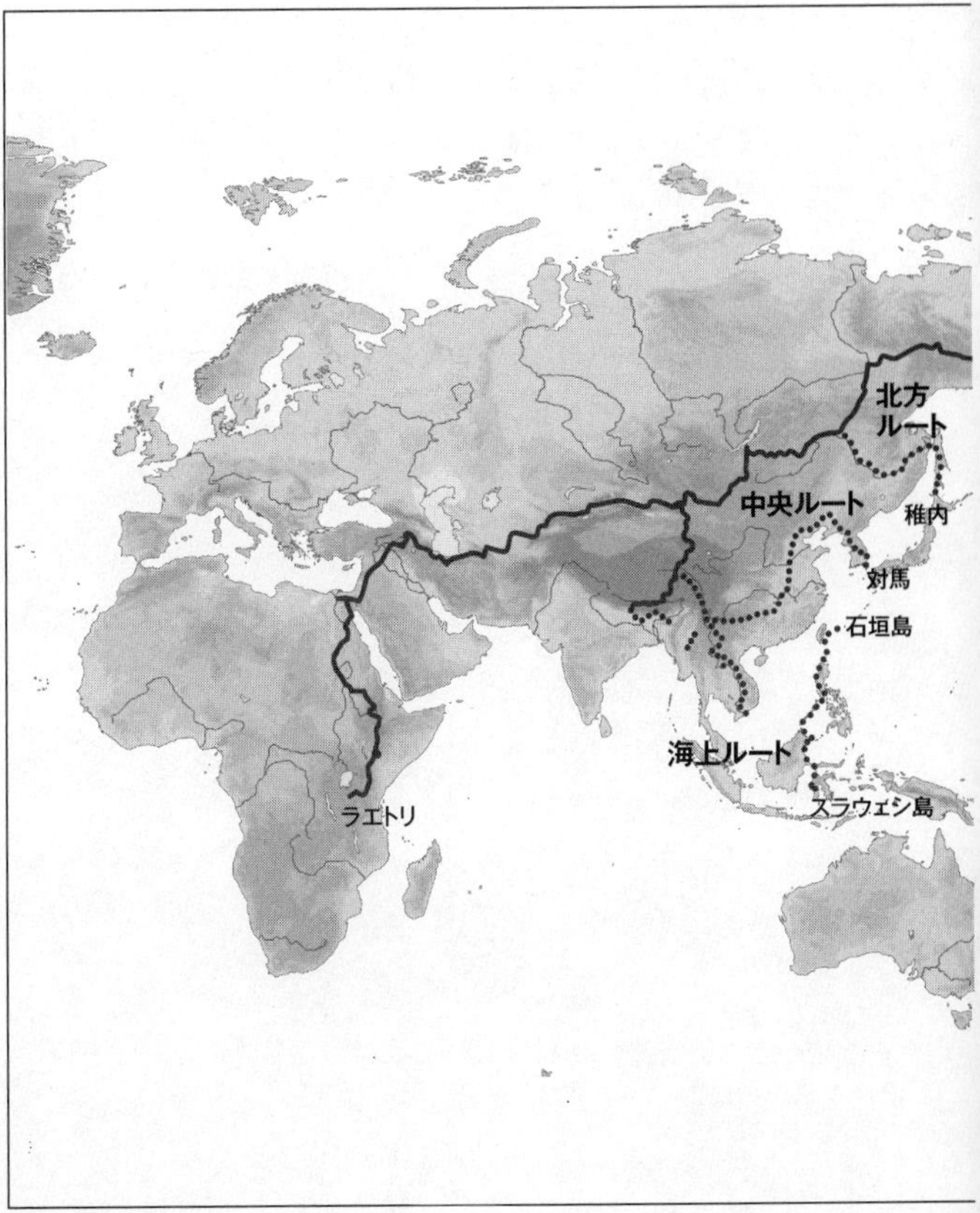

人類は何を失いつつあるのか

序章　ぼくも探検家になりたかった

未知の世界を探る旅

山極　関野さんは若いころから長年、南米各地で探検を続け、足かけ十年の歳月を費やした『グレートジャーニー』では、アフリカで誕生した人類が世界中に拡散して南米の最南端にまで達した旅路を逆コースで辿《たど》りました。その後も、日本列島に人類がやってきたルートを辿って、インドネシアから自作の舟で航海をしたりされている。そうした厳しい旅や探検を通じて、さまざまな土地の人間や文化がそれぞれの環境や特性によってどのように作られたのかを追究してこられたわけですね。

そんな本物の探検家の前で言うのも恥ずかしいですけど、ぼくも子どものころの夢は、探検家になることだったんですよ。

関野　えっ、山極さんも探検家になりたかったんですか？

山極　じつはそうなんです（笑）。子どものころ、実家の近くにあった関野さんの母校、東京・国立《くにたち》の一橋大学のキャンパスで探検ごっこをして遊んでいました。キャンパス内の草むらをアフリカのジャングルに見立ててターザンごっこをやったり、秘密基地を作ったり、大学の兼松講堂という石造りの建物の地下室にこっそり忍び込んだりして遊んでいた。当時、キャンパスには動物もたくさんいましたから、子どもの探検心を十分に満たしてくれました。

関野　いまもまだタヌキが棲んでいますよ。

山極　あのころはタヌキだけじゃなくて、キツネもいました（笑）。

関野　ぼくらの時代は東京にもまだまだ自然がありましたからね。いまとは違って、街なかにも自然や動物と触れ合える場がたくさんあった。

でも、これまでの山極さんの活動を見てみると、探検家になりたかったという気持ちはわかる気がします。山極さんは世界的なゴリラの研究者ではあるけれど、興味の範囲がご自身の専門分野に収まらない。これまでも何度か対話してきましたが、人間の根源は何かとか、人類の滅亡を避ける道とか、いつも時空を超えたスケールの大きな話になるから、とても面白い。探検家への憧れが、自分の専門にとどまらない山極さんの好奇心の原点なのかもしれませんね。

私は医者でもあるから医学に例えますけど、心臓外科医なら心臓だけ、腎臓が専門なら腎臓だけ……そんなふうに、いまの医学は専門によってどんどん細分化されてしまっています。その半面、患者個人の生活や病歴を含めて、身体全体を広く診ることができる医者は減っている。これは、すべての学問がどんどん細分化されてしまっているという一例です。

ところが山極さんは、サルやゴリラを通して、人間の社会や歴史、文化、世界情勢、そして人間自身を深く掘り下げて考えている。そんな観察力や洞察力、未知の何かを知ろうとする気持ちは、行動力とともに探検家には不可欠なものだし、それがあることは、探検家の条件が十分に備わっている証しだと思うんです。

山極　未知の世界を探りたい。未知なるものを発見したい……。そんな気持ちは、たしかに子どものころからずっと持っていました。対象は宇宙でもアフリカでも何でもよかった。結果的に、霊長類から人間の原点を探っていく調査と研究に携わって、いまに至っていますが、やっぱり根っこには未知未踏の世界に自分の身体を使って分け入っていきたいという気持ちはありますね。

関野　そうした探検への憧れというか、原風景としてのイメージがあって、山極さんはゴリラを追ってアフリカに通っているというお話ですね。そのアフリカに、初めて足を運んだのはいつですか?

山極　一九七八年ですから、もう四十年も前になります。大学では当初、ニホンザルを研究していたんですが、「おまえは身体がでかいからゴリラをやってみたらどうだ」

という指導教員の伊谷《いたに》純一郎先生の一言がきっかけでした（笑）。

そのゴリラですが、これには「マウンテンゴリラ」「ヒガシローランドゴリラ」「ニシローランドゴリラ」「クロスリバーゴリラ」という四つの種類がありまして、私が初めて調査したのは、コンゴ東北部のカフジ山に棲息するヒガシローランドゴリラです。ただ、これで探検らしいことができるぞ、と胸を躍らせてアフリカに渡ったものの、ゴリラの群れに迎え入れてもらうには大変な時間が必要でしたね。ゴリラは人に対して強い警戒心を抱いていますから。

関野　それまで人間と接触がなかった野生動物の群れのなかに入っていって、しかも受け入れてもらうわけですよね。ちょっと想像もつきませんが、いったいどんな方法で近づいていったんですか？

山極　アフリカに渡ると、まずは自分でゴリラを追ってみたんですが、なかなかうまくいかなくて。二度目に行ったときに、アメリカ人のダイアン・フォッシーさんという女性の霊長類学者に弟子入りしたんです。彼女は野生のゴリラが初めて自主的に手を触れた人として知られていますが、この人にゴリラへの近づき方を教えてもらいました。

その方法というのは、「ゴリラの人付け」といって、エサを与えたりはせずに、少しずつ少しずつ人間の身体をゴリラに見せていくやり方で、時間はかかりますが、彼らの生活を乱さずに群れに迎え入れてもらうには最良の方法なんです。

関野　「餌付け」ではなく、「人付け」ですか？

山極　そうです。それでコンゴの熱帯雨林を歩き始めたわけですが、最初のころには衝撃的な体験もありました。

四十二頭もいるゴリラの群れを追跡しているときのことで、まだ人付けする前の段階ですから向こうはこちらに大変な警戒心を抱いているわけです。それであるとき、群れを追う私の目前に一頭の巨大なオスが胸を叩きながら立ちはだかったんですね。そんなの初めてのことですから、怖くて立ちすくみましたよ。でも、ここで引き下がったら受け入れてもらえないかもしれない。そんな気持ちでゴリラをずっと見つめ続けました。

そんな対面を何回か繰り返したある日、そのオスが意を決したように、今度は突進してきたんです。そしてぼくに体当たりすると、一気に走り去っていきました。ぼくは突き飛ばされて深い草の上に仰向けに倒されましたが、不思議と恐怖は感じなかった。胸にアザができた程度でケガもなかった。それから、そのゴリラの群れが少しずつぼくを受け入れてくれるようになったんです。

そんなふうにして数年後、人付けが成功してからは、朝から晩まで彼らと生活をともにできるようになりました。ぼくを突き飛ばしたそのオスも人間の前でイビキをかいて寝るほどになったんですが、あるとき彼の背後から、ひょこっと幼いゴリラが顔を出したことがありました。その瞬間、出会ったころに彼が示した警戒心の正体がわかったような気がしましたね。

関野　なぜ山極さんがゴリラに魅せられたのか、伝わってくる話ですね。

山極　でも、そこに至るまでに紆余曲折はあったんですよ。

関野　というと？

山極　まずは、ぼくが青春を送った高度経済成長期という時代の影響ですね。一九六〇年代後半に、ぼくは高校紛争を経験しました。日本の政治が、価値観が、そして社会が揺さぶられ、若者の心も揺れ動いた時代です。

人間とは何か——そんなことを、ぼく自身も考えました。人間である自分はいったいどんな存在なのか、既存の価値観や常識にはまっていく生き方が果たして正しいのか……。若いながらも、いや、若いからこそ真剣に問い直しました。

しかしそのうち、わからなくなってしまったんです。それで、学生と機動隊がしょっちゅう衝突を繰り返しているような騒乱の東京からは一度離れてみようと思って、京都大学に入った。生まれ育った東京ではなく、未知の場所に身を置いてみたかったんです。もっと言えば、いろいろなしがらみを断ち切って、新しい人生の第一歩を踏み出したかった。

関野 その気持ちは私にもよくわかります。私は旅が好きだったから探検を始めたわけですが、もう少し掘り下げるとまた違った動機がある。

私も山極さんと同じで東京の出身ですが、高校時代に自分が知っている自然環境や文化とはまったく違う未知の環境に身を置いてみたいと強く思いました。われわれの子ども時代、街がどんどん開発されて自然が消えていった。そんな開発に違和感を抱いていました。

開発を押し進める社会に逆行するように、自然のなかに身を置いてみたらどうなるだろう、自然と寄り添っている人、自然の一部となって生きているような人たちと、自分はどれだけ違うのか……。そんなことも知りたかった。自分たちとは真逆の生き方をしている人たちに出会いたかったんですね。そうすれば、いままでとは異なった自分を発見できるかもしれないし、自分を変えていけるかもしれない。そうも思っていました。だから一橋大学に入学すると同時に探検部を立ち上げて、探検家としての第一歩をアマゾンで踏み出したわけです。

人間への興味

山極　つまりは、関野さんも「人間」に興味があったわけですね。

関野　そうです。私が旅を続けたもともとの原動力は、人間への興味、関心だったと思います。ただし、人間のなかでも私が興味を持ったのは、日本人とは生活様式も考え方も生活環境もまったく異なる未知の人たちでした。山極さんの場合は、人間への興味を出発点にして、人間のルーツである霊長類と付き合ってきたわけですよね。

山極　そうですけど、ぼくは最初からゴリラを研究しようと考えていたわけではないんですよ。大学に入ったころは、ノーベル物理学賞を受賞した湯川秀樹先生に憧れて、宇宙について研究したいと考えていたので、純粋に物理学をやりたいと考えていました。サルやゴリラとこんなに付き合うなんて思いもしなかった（笑）。

関野　意外ですね。山極さんは、ゴリラと一緒に抱き合って寝るような人だから、最初からゴリラを研究したかったのかと思っていました（笑）。

山極　のちにゴリラに魅せられたのはたしかですが、そのころは理学部の学生でしたから、まったく意識していませんでした。

けれど、出会いがあったんです。大学の二回生のときですが、スキー部員だったぼくは、冬になると野山を駆け回っていました。たまたまスキーの練習をしていると、サルを観察している人たちがいて、雪山でサルをじっと見ている。妙な人たちだと思いました。彼らは大学院でサル学をやっている先輩たちで、聞いてみると「サルを見ながら人類の進化を研究している」と言う。学園紛争時代に人間とは何かを考え続けたぼくには、そのとき、「サル学」がとても魅力的なものに映りました。

関野　そこで高校時代の「人間を知りたい」という気持ちが蘇ってきたわけですね。

山極　ええ。人類学そのものには興味がなかったぼくも、気づいたんです。サルを研究することも「人間とはなんぞや」を考えることなんだ、と。そこで伊谷純一郎先生の『ゴリラとピグミーの森』を読んだら、これが本当に面白くて、子どものころの探検熱が一気に蘇った。

それにサル学が座学だけではなかったのもよかったんですね。それまで経験していたような、書物から知識を得る学問とは根本的に違っていた。自分の経験や想像力を駆使して、いままでの常識を打ち破り、新たな考え方を形作っていく。これがサル学の基本です。ぼくだけでなく、日本の霊長類学者のほとんどはニホンザル研究からのスタートですが、ぼくにとっての初めてのフィールドワークは、長野県のニホンザルでした。冬の地獄谷温泉に泊まり込んでサルの性行動を観察しました。

関野　探検も、書物から情報を得るだけでなく、身体と観察力、想像力、考察力をフルに使わなければ、前衛的な探検にはなりません。そういう点では、いまの話のサル学と探検は非常に似ていると感じますね。

山極　たしかに、サル学も探検も、人間の常識を超えなくてはならないわけですからね。常識的なことをしていても、何の成果も得られませんし。

関野　旅をしていると、目から鱗が落ちるような体験をします。それは自分が常識だと思っていたことが、自分の思い込みであったと気づかされる体験、言い換えれば常識が打ち破られる貴重な体験ですね。そうした体験からの直感でいえば、われわれの祖先である霊長類を知ることにも、目から鱗が落ちるような気づきがたくさんあるような予感がします。

そこで、次からはまず、霊長類学者・山極寿一の出発点となったニホンザルの話をスタートにして、お互いの話からおいおいと、人間の、そして人間社会の原点を探っていくことにしましょうか。

第一章　日本のサル学

サル学の誕生

関野　最初にお聞きしますが、そもそもなぜ日本ではサル学がこれほど盛んに行われるようになったのでしょう。

山極　他国に比べて日本でサル学が熱心に行われた理由を一言で説明すれば、日本ではサルが身近で、北アメリカやヨーロッパには野生のサルがいないからでしょうね。日本では大分県の高崎山のようにサルを身近に見ることができる観光地もありますし、京都の嵐山に京大が霊長類研究の一環として作った「モンキーパークいわたやま」のような、サルを餌付けして人が触れ合えるようにした施設もあります。そうでなくても、ちょっと山に入れば野生のサルがいる場所が日本にはあちこちにある。

しかしヨーロッパでは、サルを見ようと思ったら動物園に行くしかないわけです。動物園では日本のようにサルたちが活発に動き、生活している姿は見ることはできません。当然、サルと触れ合うこともできない。欧米人にとって、サルはとても遠い存在なんです。

関野　たしかに、私たち日本人はあまり意識しませんが、欧米人にとっては野生のサルや放し飼いにされているサルはとても珍しいんでしょうね。

日本に限らず、アジアではサルは身近な存在です。嵐山の「モンキーパーク」や地獄谷の「野猿公苑」には、アメリカ人やヨーロッパ人の観光客がたくさん足を運んでいますが、ネパールの寺院などでもたくさんのサルが餌付けされていて、それを目当てにヨーロッパの観光客が大勢訪れています。

山極　とくにインドあたりでは、「ハヌマーン」というサルの神様が祀られていますからね。アジアでは人間とサルがうまく共存できている。

関野　ところで、そのサルの仲間ですが、日本に棲息するニホンザルも地球上に四五〇種いるといわれている霊長類の一種ですよね。一括りに霊長類といっても、ニホンザルとゴリラ、チンパンジーでは生態も家族関係も、群れの作り方もまったく違う。それと、忘れがちだけど、われわれ人間も霊長類の一種なんですよね。

山極　ええ。その霊長類の歴史をざっと辿ると、最初の霊長類が誕生したのはいまから六千五百万年前の北アメリカです。ちなみに当時の地球の陸地は、赤道近くにいまの北米大陸とユーラシア大陸からなる「ローラシア大陸」があり、南半球には南米大陸とオーストラリア大陸、南極大陸、インド亜大陸からなる「ゴンドワナ大陸」があって、そこから各大陸が分かれ始めた時期にあたります。生物史では恐竜が滅亡した時期ですね。

その六千五百万年前の最初の霊長類は、ネズミやリスなどの哺乳類との共通祖先から分かれて進化しました。祖先に近い原始的な特徴をもつ霊長類を「原猿類」と呼びます。ほとんどの原猿類は夜行性で身体が小さく、嗅覚と聴覚に頼った生活をしています。

一方、そうした原猿類に対して、昼行性で身体が大きいのが「真猿類」で、こちらは視覚が発達していて、ほとんどが集団で暮らしています。このうち中南米に棲息する真猿類を「新世界ザル」、アジアとアフリカの真猿類を「旧世界ザル」と呼んで区別しているわけです。

関野　ニホンザルは霊長類のなかでも真猿類の旧世界ザルに分類されるわけですね。そして、われわれ人類もニホンザルと同じく旧世界ザルに属している。

山極　そうです。そのなかでも人類に近い種を「類人猿」と呼びます。類人猿にはアジアに棲息するテナガザルとオランウータン、アフリカのゴリラ、チンパンジー、ボノボがいます。テナガザルを除く類人猿と人類は同じ「ヒト科」に分類される。最近、人間とチンパンジーのゲノムが解読され、身体を構成する遺伝子が一・二パーセントしか違わないことが明らかになりました。ゴリラやオランウータンとも二パーセント以下しか変わらないんです。

関野　人類と類人猿がそんなに近いということは、一般の人にとっては驚きかもしれませんね。しかし、そのように霊長類の分類がなされて学問としても発展し、いろんなことがわかってきたのは、日本のサル学があってこそ、ひいては日本の霊長類学者の活躍があってこそだと思いますが、どうなんでしょうか。

山極　たしかに、霊長類学には日本のサル学誕生が大きく影響しています。日本のサル学の創始者は今西錦司先生で、ぼくの先生のそのまた先生ですが、この人抜きには語れませんね。

動物に「社会」はあるのか

関野　今西錦司といえば、戦前から登山家、探検家としても知られた人です。戦前には太平洋のポナペ（ポンペイ）島や満州（中国東北部）の大興安嶺《だいこうあんれい》などに学術探検隊を率いて活躍し、戦後も日本隊がマナスルに初登頂するのに道を拓いた人ですよね。

山極　ええ。その今西さんは、戦後間もない一九四八年に宮崎県の都井《とい》岬で野生馬の研究をしていましたが、その途中で、連れていった当時学生の川村俊蔵さん（のちの京大霊長類研究所社会部門初代教授）と私の先生である伊谷純一郎さんとともに、野生のサルを見かけます。それが日本のサル学の始まりです。

そのころ、今西さんは『シートン動物記』にヒントを得て、動物の個体ごとに名前をつけ、その行動から動物の社会構造を紡ぎ出そうとしていました。都井岬の馬の観察でそれを始めていたわけですね。しかしそれは当時の動物生態学の世界では異端だった。いや、動物生態学の常識に対する反逆、挑戦だったといっても過言ではありません。

関野　当時は動物は「社会」を持っていないと考えられていましたからね。

山極　そう。社会というものは、それ自体、目には見えません。従って、社会があるかどうかは、そこに言葉があるかどうか、言葉によって紡がれる意識があるかどうか、という基準によって判断されていたわけです。当然、動物は言葉を用いることはできないから、社会を持っていないと考えられてきた。それが当時の学問の常識でした。でも、そうではないだろうと今西さんは異を唱えた。まず、人類は誕生した瞬間から言葉を持っていたのか、という疑問を呈したんです。

当然、人類は誕生してしばらくは言葉を持っていなかったはずですよね。では、言葉がなかった時代から、人類の社会はどのようにして作られてきたのか、あるいは言葉のない時代には、どのように社会が存立したのか。それを考えなくてはならない。

そうした「社会の源流」を探るために、今西さんはまず動物にも社会があると認めるところからスタートしました。そして、人間社会は動物社会の延長にあるのではないかという仮説を立てた。これは旧来の学者にしてみたら、常識外れのとんでもない考え方でした。けれども実際に観察を始めると、動物の社会がそれまでの常識では計れない形をしていることが見えてきた。

たとえば、一九五二年に宮崎県の幸島《こうじま》と大分県の高崎山でニホンザルの餌付けに成功した川村さんと伊谷さんは、一頭一頭のサルに名前をつけて、それぞれの行動を観察しました。すると面白いことがわかってきた。二頭のサルの間にエサを投げると、必ずどちらか一方が取る。しかも同じ組み合わせでは何度やってもエサを取る個体が決まっている。さらに、いろんな組み合わせでやってみると、エサを取る優先順位は決まっていることが明らかになった。こうして、サルには群れのなかに直線的に順位があることが判明したわけです。そうした調査や実験の積み重ねによって、言葉のないサルでも、群れの序列や個々の関係性を意識している実態が見えてきたわけですね。

関野　今西先生はサルを含めたすべての動物に社会があると語っています。私も知識としては知っていますし、聞けば当たり前のような気もしますが、いまの話から調査研究の過程を想像すると、ここに至るまでには山極さんの先輩たち、日本の霊長類学者たちの、相当な努力の積み重ねがあったようですね。

山極　幸島と高崎山でニホンザルの餌付けが成功したあとの一九五〇年代後半には、京大の研究者たちによって餌付けが試みられて嵐山に「モンキーパーク」が作られました。六十年以上の歴史を持つ、サル学の誕生当初から調査が続けられている施設です。ここには私も四回生や大学院の修士課程のときに研究のために通いました。いまも霊長類学を専攻する学生は、三回生でニホンザルの行動生態学実習を、そして四回生になると卒業研究を行います。修士課程や博士課程の研究をして学位を取る学生もいます。

「モンキーパーク」には現在、約百二十頭のニホンザルがいますが、一頭一頭のサルに名前がつけられて親や祖父母もわかっています。数代前にまで遡って調べることができる貴重な場です。ニホンザルは四歳から五歳で成熟して最初の子どもを産みますから、五年で一世代と計算すると、最初の調査から数えて十数世代目のサルが暮らしていることになりますね。

関野　その「モンキーパーク」ですが、パークといっても、とくにサルたちを網で囲い込んでいるわけではないですよね。彼らの行動範囲はどうなっているんですか。

山極　それがけっこう広くて、「モンキーパーク」から北東に二〇キロほど行くと滋賀県境の比叡山なんですが、そこに「モンキーパーク」のサルが現れることもあります。その比叡山のサルと「モンキーパーク」との繋がりを調査したのが、競走馬の研究者としても有名な、京大の間《はざま》直之助先生でした。ぼくが学生のころは、ご存命だった間さんが脛《すね》にゲートルを巻いて、サルのエサを担いで比叡山に上っていく姿をよく見かけました。

関野さんが言われるように、そうした先人たちの多くの努力と成果の積み重ねがあって、日本のサル学は発展してきたのだと思います。

ニホンザルのオスとメス

関野　ところで、「モンキーパーク」のサルたちにしても、京大の研究者たちが餌付けするまでは完全な野生状態だったわけですよね。日本の自然界にはサルを襲う動物はいないでしょうから、餌付けによって栄養状態がよくなれば、どんどん数が増えていくのではないですか。

そうすると、サルの社会が変化していくこともあるんじゃないかと思うのですが。どうなんでしょうか。

山極　たしかに、いまはオオカミもいなくなって、ニホンザルに天敵はいません。そのせいで「モンキーパーク」でも二百頭くらいまで増えた時期がありました。しかし、数が増えると近隣の畑を荒らしたり、土産物屋の商品を盗んだりと悪さをするので、現在は出産調整をして個体数を減らし、エサ場を作って山の外には出ないようにしています。

それと、ご指摘のように、餌付けをしたことで、エサを誰と食べるかというルールなどに新たな動きが出てきました。しかし、サルの社会構造そのものには根本的な変化はありません。

というのも、ニホンザルの社会構造ではオスとメスで関係の作り方がまったく異なっていて、そのことが最も大切なんです。

幸島や高崎山の実験でわかったように、オスには直線的な順位があります。頂点に一番強いランクのオスが立ち、その下に強い順番にオスが並んでいく。しかし、その群れのなかで、オスたちは、いくら序列が高くても、社会的な地位にいつまでも固執しない。どんどん群れを出ていきます。新たな群れでは、かつての群れの序列は通用しないし、それはかつての群れのなかで一番強かったボスでも例外ではありません。新しい顔ぶれが下からのし上がって順位を上げていく。基本的にオスはそんな一生を送ります。

ところが、一方のメスには、群れのなかで家系ごとに順位があるんですね。それは家系のトップのメスが自分の娘をサポートして、ほかの家系のメスたちに勝たせようとするからです。その結果、家系のメスすべてが、ほかの家系のメスよりも優位になる。

関野　家系によって序列が決まるというのは、まるで人間社会の身分制度のようですね。

山極　それだけではないんです。メスは家系の内側にも順位がある。姉妹のなかで一番強いのが末の妹。これを「末子《まつし》優位の法則」と呼びます。母ザルは最も弱い年下の娘を庇《かば》うから、姉たちよりも末子が強くなるわけですね。そうした構造のなかで、メスは同じ血縁のメスとともに連携して生きている限りは自らの社会的な地位は守られます。ですから、メスは自分が生まれ育った集団を決して離れません。

関野　それがわかったのも一九五〇年代ですか？

山極　そうです。それまではニホンザルがこれほど見事な社会構造を持っているとは誰も思っていなかった。

関野　いまの話を聞くと、私が知っているアンデスのインカの末裔たちの姿と重なります。インカの人々も末子優位です。日本では長男が家や財産を継ぐのが一般的ですが、インカの末裔は末っ子が相続する。そして両親の面倒を見るのも末子です。

そうした比較をしてみると、どうしてもサルを擬人化して考えたくなるんですが、本来、ニホンザルのオスは家族で暮らすメスとは違って、群れから群れへと渡り歩くわけでしょう？　そして、そのたびに苦労して地位を上げていく。これが人間なら、そんな苦労をするよりは、そのまま母親が強いグループのなかにいたほうが得だと（笑）、そう思うやつが出てきてもおかしくはないですよね。

サルの社会には、いま、われわれの社会で問題になっている「引きこもり」や「ニート」みたいに、群れや集団にずっととどまっているオスはいないんですか。

山極　じつはニートや引きこもりも、たまにいるんですよ（笑）。たとえばモンキーパークのように人間社会と接している場合、移動できる範囲も限られていますし、群れがたくさんあるわけではありません。そんな環境の影響か、ほかの群れに移らないオスもいることはいます。けれど、ニートや引きこもりのサルは、あくまでも例外的だと考えるべきでしょうね。

関野　つまり、ニホンザルの社会はあくまでも、嫁入りという形でメスが家族集団を出ていってオスが家に残るケースが多い人間の社会とは逆だということですね。

山極　そうなります。人間のメス（女性）の多くは、家族から離れて新しい社会関係や人間関係をびくともせずに作っていく。そして新たな集団のなかで出産して、子育てをしていく。それは都市生活者であろうが、熱帯雨林で暮らす狩猟採集民であろうが、どんな人間社会でも見られる現象ですよね。そこがニホンザルとはまったく違う。とするなら、人間のメスのあり方を遡っていくと、その古い起源はどこにあるのかということが問題になります。

ゴリラ社会の研究へ

関野　メスのあり方の古い起源とは、つまり人間以外の類人猿の場合はどうか、ということですね。では、ニホンザルよりも人間に近いゴリラやチンパンジーのメスはどうなんでしょう。

山極　ニホンザルの生態や社会構造の研究が進んで実態がわかってきた一九五〇年代末になると、日本の霊長類学者たちは、次にはアフリカのゴリラやチンパンジーに着目して調査に出かけるようになりました。そこでわかったことがあったんです。ゴリラやチンパンジーの社会では、メスが集団を出ていって、ほかの集団に入っていくことが初めて明らかになったわけですね。とくにチンパンジーの場合はオスが集団を離れずに、血縁関係のオスたちが頼り合って生涯を送る姿が確認された。またゴリラのオスは、生まれ育った集団を出るけれど、ほかの群れに入ることはなく、自分で新たな集団を作ることもわかってきた。そうしたことから、日本の霊長類学者たちは、人間の祖先はサルの仲間ではなく、ゴリラやチンパンジー型の社会に属していたと考え始めたわけです。

関野　なるほど。最初はニホンザルから始まった研究が、やがてゴリラやチンパンジーなど類人猿へと調査研究の対象を移してきた。だからこそ、サルだけを観察しても、類人猿だけを調査しても見えてこなかったはずの「差異」も見えてきた。そういうことがよくわかるようなお話ですね。これは霊長類から人間の原点を探るという意味では、大変重要な過程だったように感じられます。

山極　そうですね。ですから日本ではいまでも、まずはニホンザルの調査に携わって、ある程度の実績を積んだうえで、サルよりも人間に近いゴリラやチンパンジーをやろうと考えている霊長類学者が多いわけです。そこで新たな何かを見つけ出そうとしている。これは霊長類学という学問の最終目的が、いまもしっかりと息づいている証左だと思います。

関野　霊長類学の目的は、あくまでも霊長類を通して人間を知ることだ――と。

山極　そのとおりです。いまでこそ人間社会は言葉や文化によって支えられているけれど、もともとはそうではなかった。ではどうだったのか。その人間社会の原型を知るには、過去へ、祖先の時代へと遡らなければなりません。

現在では、遺伝学的にも人類と共通の祖先を持っているのは、ゴリラやチンパンジーだとわかっています。ヒトの祖先は、約九百万年前に共通の祖先からゴリラと分かれ、七百万年前にはさらにチンパンジーと分かれたと考えられています。そのゴリラやチンパンジーに比べれば、サルとヒトとの距離ははるかに遠い。

関野　それはゲノムの違いでもはっきりしていますね。前に山極さんも言われたように、人間とチンパンジーのゲノムは一・二パーセントしか違わない。ゴリラやオランウータンとも二パーセント以下しか変わらない。ところがサルとゴリラ、サルとチンパンジーでは三パーセント以上も違う。その数字も人間とゴリラやチンパンジーの距離の近さを如実に表しています。

それに加えて、霊長類学者たちの研究でわかってきたオスとメスのあり方の違いなどを比較していけば、人類はやはり社会構造の面からもゴリラやチンパンジー型社会に属していると考えられるのではないですか。

山極　それが正しいかどうかは、まだ断言はできないけれど、過去の調査研究の結果を見ていくと、おぼろげながらそう言えるのではないかと思います。いずれにしても、ゴリラやチンパンジーは人間にきわめて近く、人間の祖先像は彼らと重なるところがある。

人間はともすれば、ゴリラもチンパンジーも獣だし、言葉も通じないからサルの仲間だと考えてしまいがちですが、それは間違いです。もう一度端的に言えば、ゴリラと人間の違いよりも、ゴリラとサルの違いのほうが大きいわけで、正しい分類では、ゴリラとチンパンジーはサルの仲間ではなく、「人間の仲間」なんですね。

第二章　類人猿から人類へ

人類が二本足で歩いたわけ

関野　前章で山極さんも言われたように、初期人類がゴリラとの共通の祖先から分かれて九百万年、さらにチンパンジーとの共通の祖先から分かれて七百万年が過ぎています。そしていまの人類は、絶滅した旧人類のネアンデルタール人とは別種のホモ・サピエンスと分類されています。

その七百万年の歴史のなかで、人類はゴリラやチンパンジーにはできなかったさまざまなことをやってきました。たとえば、言葉の使用、文字の発明、火の利用、大航海時代の航海、月への到達……。人類の歴史上の功績は多々ありますが、山極さんは、人類の祖先がこれをやらなければいまのわれわれは存在しなかっただろうという、最も大きな業績は何だと思いますか?

山極　シンプルかもしれないけど、それは「食物の共有」、それから「共同保育」ではないでしょうか。突き詰めていえば、人類のあらゆる生活が「家族」や「集団」とともにある。ここが人間としての出発点だと思います。

家族や集団とともにあるという心――これを「共感力」と呼び変えてもいいのですが、われわれの祖先が、この非常に高い共感力を育んでいなければ、類人猿から人間にはなれなかった。そういっても過言ではないと思うんです。

ただし、共感力がもたらすのは、必ずしもプラスの側面だけではありません。非常に高い共感力が、争いを生んで戦争をも引き起こす。共感力によって人類は傷ついてきたともいえるわけです。その共感力の有無、強弱という点で、われわれ人類とゴリラやチンパンジーなどの類人猿の間には明確な線引きができる。もちろんサルとも違います。関野さんの意見はどうですか？

関野　私は、人類が進化するうえで最も大きかったのは「二足歩行」だったのではないかと考えています。二足歩行を行うことによって、長い距離をゆっくり歩けるようになったから、家族で旅ができるようになった。家族で移動ができたからこそ、人類は世界中に拡散できた。二足歩行は山極さんのおっしゃる食物の共有や共同保育にも直結している。

もっと言えば、二足歩行できたから、人類は家族という集団を形成しえたのではないか、とも思っているわけです。

山極　そうでしょうか。二足歩行と家族の成立が同時に起きたというのは、あまりにも時代を一足飛びに考えている気がしますが。

関野　では、人類が二足歩行をするようになり、熱帯雨林から草原に生活の場を移した。その後ゆっくり時間をかけて家族関係を築いたという考えですか？

山極　そうですね。二足歩行に遠因が求められるとしても、家族と共同体が成立するにはほかの特徴の変革が必要だったというのがぼくの意見です。二足歩行を考えるうえで、最も重要なのは「食料革命」との関係です。ぼくは人類には四回の食料革命があったと考えています。

まずひとつは、関野さんが人類の最大の業績だとする直立二足歩行に直結します。それは「自由になった手で食物を持って仲間のもとに運ぶ」という行動です。仲間には子どもや配偶者が含まれていたかもしれません。ただし、この時点の仲間は家族的な集団であった可能性はありますが、厳密な「家族」ではない。

関野　家族とは何か。父親とは母親とは何か。その定義はあとで伺うとして、食物を手に持って仲間に届けるという行為は、チンパンジーやゴリラもしませんか？

山極　ゴリラやチンパンジーには見られません。人間だけが手で食物を仲間に届ける。それはもちろん二本の足だけで歩けるからですが、ではなぜ、人間は二足で立って歩き始めたのか。これにはさまざまな仮説がありますよね。たとえば、二足歩行のほうがゆっくり長距離を歩くうえでエネルギー効率がいい。直立のほうが身体を大きく見せることができ、外敵に襲われにくい。あるいは太陽光を頭部だけで受けて日射熱を避ける……。

それら数ある仮説のなかで、ぼくは手で物を運べるようにすることが大きかったと思っているんです。おそらくはそれは、栄養価の高い食料を体力のない子どもに運ぶためだった。それがぼくの考える第一の食料革命です。

そして第二の食料革命は「肉食」です。二百六十万年前に初めて石器が使われるようになりましたが、これは武器ではなく、食器でした。いわゆる食用ナイフで、肉食動物が食べ残した獲物から肉を剝ぎ取って食べるために用いられた。そうして肉食を実現させ、発展させて過大なエネルギー源を手に入れることで、人類は脳を大きくする可能性を広げた。こうして二百万年前から人類の脳が大きくなり始めた。

肉食の開始からさらに歳月が流れて、三つ目の食料革命が起きます。それが「調理」です。食器が作り出されて肉食が始まり、さらに時代が進むと、今度は火を使うようになった。生の食物を火を通して食べやすくした結果、消化効率がよくなった。すると内臓が小さくなる。また調理によって咀嚼《そしやく》する時間を節約して、自由な時間を持つことが可能になった。

関野　その自由な時間は、家族関係や初期人類の社会にどんな影響を与えたと推測しますか？

山極　そこが重要なポイントです。私は「社会交渉」ではなかったかと考えています。つまりさまざまな仲間と交渉して、集団を大きくできるようになった。人類史にとっては、とても大きな変化ですよね。それで最後の食料革命が、自前の「食糧生産」です。これで飛躍的に人間の生活レベルが上がりました。半面、食糧生産が現代人のさまざまな問題を作り出すきっかけになったといえます。この時点ではもちろん家族は完成しているはずですが、同時に家族を超えたさまざまな問題が付随するようになった。

両手で運んだもの

関野　二足歩行を始めた人類は、生きるうえで欠かせないエネルギー源を手に入れて、それが家族を含む集団を作る大きな原動力となったという考え方ですね。私も、二足歩行のきっかけが手で物を運ぶためだったという説には最も説得力を感じます。四つ足だと口で運ぶしかないから、大きな物は運べません。

ただ、二足歩行をすることで空いた両手は、食料を運ぶためだけに使われたのではなかったと思うんですね。人類は熱帯雨林から草原に出たとき、自分たちよりも強い外敵、肉食獣に遭遇した。そうした肉食獣に最初に狙われるのは弱い子どもですよね。子どもを外敵から守るには、両手で抱え込んで運ぶ必要があった。そこを考えるわけです。

山極　たしかに、人類が草原を歩き始めたとき、最初に直面した問題が死亡率の上昇だったはずです。では、人類はその死亡率の上昇にどう対応したでしょうか。

話はちょっとずれますが、草原に生きる霊長類は、熱帯雨林で暮らす近縁な種よりも出産率が高いという特徴があります。たとえば、森林に棲むブルーモンキーは初産が六歳で、出産間隔が二年以上なのに対して、サバンナに棲息するパタスモンキーは初産年齢が三歳で出産間隔は一年です。

人間に近い類人猿の場合、ゴリラは初産が十歳で、出産間隔は四年、チンパンジーは初産が十五歳以上で、出産間隔は五年から七年、オランウータンも初産は十五歳以上ですが、次の出産まで七年から九年もかかります。これらに比べて人間はどうでしょうか。初産は類人猿と同じくらい遅いですが、出産間隔は短い。年子を産むことも珍しくありません。つまり出産間隔が短い分だけ、数多くの子どもを産むことができるわけですね。

この多産という能力を人類がいつ獲得したかは定かではありませんが、死亡率の高い草原で生き抜くためには、早い段階で必要だったのではないでしょうか。そう考えると、人類は肉食を始めて脳を大きく発達させる以前から、たくさんの子どもを抱えて、複数の育児や食物の分配をする必要性に迫られていたことが想像できます。

そこが人類最大の功績だとぼくが考える「共同保育」、そして「食物の共有」ということの第一歩だったのではないでしょうか。

関野　なるほど。とするなら、私はそこで大きな役割を果たしたのはメスだったのではないかと思いますが、どうですか？

子どもが増えると、外敵に襲われたとき、すべての子どもを抱えて逃げることができなくなる。そこでヒマを持てあましているオスを集団に引き込んだ。オスは子どもを守る力であると同時に集団を支える柱のような役割を果たした。

山極　現代の狩猟採集民でも男性が子育てに積極的に参加する事実は知られていますから、ありうる説だと思います。

ただし、当時は子どもの成長が現在とは比較できないほど速かったはずです。子どもの成長はいまのゴリラ並みに速かった。とすると、いまのわれわれが想像するような子育てではなかったのではないでしょうか。それに、生まれた子どもはどんどん死んでいったでしょうから、それほど手もかからなかったと思います。おそらく、繁殖できる年齢まで生き延びる子どもは、一人の女性あたり二人程度で、人口を増やそうにも増やすことができなかった。

人類の脳が増大し始めるのが二百万年前で、その人類がアフリカ大陸を出てほかの大陸に進出するのは百八十万年前のことですから、その間のとても長い年月、人類はアフリカ大陸での停滞を余儀なくされていた。言い換えれば、それまでの人類は、進化し、種として誕生したアフリカ大陸で生き延びることには成功したけれど、人口が増えて分布範囲が広がっていくまでには至らなかったわけですね。その人口が増える革新が起きたのはなぜか。それは集団のなかで共同の子育てが始まって子どもの死亡率が低くなり、さらに食料の問題が運搬と共有によって改善されたから、すなわち「共同保育」と「食物の共有」がなされるようになったからだ、とぼくは考えているわけです。

関野　人口の増加と分布範囲の拡大に、それらが果たした役割が大きかったのは、そのとおりだと思います。そしてそこには、家族の存在とその役割も大きかった。さらに人類は、家族だけでは生きていけないから、大家族、つまり血縁がない人も巻き込んだコミュニティーを作り上げていった。その家族やコミュニティーが、子どもを守るために作られ、ひいては人口増加をもたらしたと仮定しましょう。そこにもじつは人類の二足歩行が密接に影響している、と私は考えているんですね。
ところで山極さん、草原に進出した初期の人間は、肉食獣に襲われたりして死亡率が高かったという話でしたが、半面、ほかの四つ足の動物から見れば、人間が集団で立って歩いていた場合、かなり大きな存在に見えて、襲いにくかったのではないかとも思うんですが、どうでしょう？

山極 サバンナでは動物は草むらで身体は隠れて頭だけが出ている状態だから、とてつもなく大きく見えた可能性はありますね。

関野 私は、もともと人間はとてもひ弱だったと思うんです。だから身体を大きく見せなければ生きていられなかった。ほかの類人猿と比べても、チンパンジーの握力は三〇〇キロで、ゴリラが五〇〇キロ。人間なら相撲取りでも一〇〇キロぐらい。握力世界一の記録でも二〇〇キロ弱なんです。プロレスラーも相撲取りも、ゴリラやチンパンジーには敵《かな》わない。
人間は二本足で立つことで機敏性や俊敏性を犠牲にしました。鋭い牙も爪もない。走るのも遅い。動物としての個の能力はとても弱いわけで、そんな人間が、どうして生き残れたのか、正直わからない。

しかし二本足で立つことで身体を大きく見せ、家族を作り、集団で生活することで外敵を防御する力を高めてきた。それが、いまわれわれがここにいる大きな要因なのではないかと思います。

人間は長い間、言葉なしでも生きてきた。火がなくても何とかなる。新大陸の先住民から見れば、大航海時代なんてなかったほうがよかった。月に行ったか行かないかも、いまは大した問題とはいえない。

人類が二本足で立ったこと、そしてそれが家族や集団を守り、あるいは作り上げてきたこと。私はそこが人類史のエポックメーキングだったと思うんです。

家族の条件

関野　ここで話を進めて、そもそも「家族」とは何かということを、その成り立ちも含めて考えてみましょうか。霊長類学では家族をどのように定義しているんですか。

山極　ぼくの師匠筋の今西錦司さんは、霊長類から人間を探ろうとしましたが、同時に「家族の起源」を明らかにすることも霊長類学の大きな目的のひとつだと語っています。

今西さんは、動物社会から家族が成立していく条件を四つ挙げています。そのひとつは「外婚性」です。家族が成り立つには、まず血縁集団から抜け出して新しい家族を作る。あるいは血縁関係がない人を引き入れて新たな家族を作る。それが不可欠だというわけです。

二つ目は「インセスト・タブー」。これは、近親間では性交渉をしないこと。三つ目は「男女の分業」です。男女がはっきりとした目的意識を持って異なる仕事をしながら生活を共有すること。そして最後が「近隣関係」。近隣関係というとわかりにくいのですが、関野さんの言葉を借りれば「大家族の形成」といえます。親族や姻族、それ以外も含めたほかの家族がともにいて共同体を形成しているということですね。ひとつの家族では家族関係は成立しません。複数の家族が集まって共同生活をしないと、そもそも「家族」は存立できない。

関野　近隣関係は、大家族をも超えたコミュニティーの存立も意味しますね。複数の家族が集まるコミュニティーがひとつだけだと問題が発生します。近親結婚で血が濃くなるので、別のコミュニティーと接触する必要が出てくる。さまざまなコミュニティーが接触して、交渉が始まり、人間の集団は大きくなっていった。

山極　そうですが、家族そのものに話を戻すと、家族成立の四つの条件のうち、動物社会では実現するのが最も難しいのが、最後の「近隣関係」です。外婚性もインセスト・タブーも男女の分業も、人間以外の動物社会で似たような事例は見られます。

インセスト・タブーの例を挙げれば、十九世紀まではそれがあるのは人間社会だけだと考えられて、当時は近親相姦をしないことで人間の家族が成り立っているとされました。しかし動物社会でもインセスト・タブーに近いものがあることを、今西さん以降の日本の霊長類学者たちが証明した。

たとえばゴリラは、父と娘は交尾せず、父と息子の間に異性を巡る争いなどはありませんが、そうした規範は、オスが子どもを世話することによって発生したと考えられています。インセストを避ける傾向が、性的な関係を持てる相手を限定し、同性間の性的な葛藤を抑える役割を果たしているわけです。

非母系的な類人猿社会では、インセストを避ける性向があることで血縁関係にあるオスたちの共存を成り立たせました。人類の祖先も、まず父と息子が、そして兄弟たちが互いに別々の相手と配偶関係を確立して共存するようになり、父系の親族集団としての結束を強めていったと考えられています。

関野　それが外婚性や親族集団の結成ということに繋がるわけですね。そこで話をまた戻して、山極さんにぜひ聞いてみたいのですが。

山極　はい。

関野　人間社会では、多くの家族が親族関係を超えて、ほかの家族とも協力関係にあります。そして人間は、家族や親族集団というコミュニティーに所属しているのと同時に、ほかの大小のコミュニティーにも属している。

つまり複数のコミュニティーのメンバーであることが人間の大きな特徴だと言えそうですが、ほかの霊長類は家族以外にも所属するコミュニティーを持っているのでしょうか？

山極　ゲラダヒヒやマントヒヒも、複数の家族のような小集団が集まって生活していますが、人間は家族を離れたところでも別の構成のグループを作ります。それをここで「コミュニティー」（共同体）と定義するなら、人間以外に家族とコミュニティーを両立させた動物はひとつもありません。

本来、家族とコミュニティーの論理は対立するものなんですね。家族は見返りを求めずに互いに奉仕し合う関係にあって、親は子どものためにすべてをなげうつ。親の物を子どもが勝手に使ったとしても、それを泥棒とはいいません。でも、複数の家族が集まった共同体ではそうはいかない。共同体では構成員の合意に基づいて義務や権利が決まっている。しかも、何かしてもらえば、お返しをする間柄です。この論理の違う「家族」と「共同体」という二つを、両立できるのは人間だけなんです。

関野　だから、さっき言われた四つの「家族の条件」のなかでは、最後の「近隣関係」が最も重要だということになるわけですね。それがあることが、人間の家族が成立したカギになると。

山極　そうなんです。その「近隣関係」と「家族」について理解するヒントが、チンパンジーの生殖行動にあります。ご存じのように、チンパンジーはメスが発情すると、複数のオスが集まってきて交尾をしてしまう。乱交状態になって、家族関係を維持できなくなってしまうんですね。「家族」成立の条件である「近隣関係」どころか、ひとつの家族的な関係さえ成り立たなくなってしまう。

「家族」成立への長い時間

山極　繰り返しになりますが、家族が成立するには、インセスト・タブーを介して内部の関係を維持し、外婚の必要性から、ほかの家族とも密接に繋がっていなければなりません。人間の家族のなかで性行為が許されるのは夫婦のみで、親子、兄弟姉妹、祖父や祖母と孫、叔父や叔母と姪、甥との間では禁止されます。インセスト・タブーがある異性間には、代わりに非性的な親しさが、同性間には性的な競合に陥らない親しさが保証されます。このような家族の原型と規範があったからこそ、人類は複数の家族関係を維持して、コミュニティーを築くことができました。

しかし、この規範や基準を作るのは、初期人類には難しかったのではないか、というのがぼくの意見です。

関野　規範や基準を作るためには、言葉が必要だったのではないでしょうか。

山極　おっしゃるように、社会学者たちも言葉抜きには難しいと考えました。しかし、初期人類にも〝家族的な集団〟なら形成できたかもしれません。

なぜなら、ゴリラの集団だって家族的集団だといえるからです。一夫多妻の集団で、父親もいる。インセストも防がれている。メスが群れから出ていって新たなメスも迎え入れるから、外婚的な集団でもある。オスとメスが違う役割を果たす場合もある。ゴリラの家族を四つの条件に重ねてみると、満たしていないのはやはり近隣関係だけで、複数の家族的集団が集まって共同体を形成することまではできていないけれど、そして言葉も使ってないけれど、家族的な集団自体はあるし、規範や基準のようなものもすでにあるわけです。

関野　なるほど。そうしたことから山極さんは、ゴリラ的な集団が人類の家族の原点にあったと考えているわけですね。

山極　そうです。初めから家族的な性質は持っていたでしょうが、人類が家族の四条件を満たすまでには長い時間がかかったのではないかという考えです。ちゃんとしたインセスト・タブーの成立もそうですが、近隣関係を成り立たせるには、ときに拮抗する二つの論理——つまり家族の論理とコミュニティーの論理を共存させなければなりません。それができるようになるのには、かなりの時間がかかったのではないでしょうか。

関野　では、その四条件が満たされて、家族が成立したのはいつかという話ですが、じつは私が『グレートジャーニー』の旅で、東アフリカのラエトリ（タンザニア）をゴール地点にしたのにはわけがあるんです。

ラエトリから見つかった三百六十万年前の化石に、人間の足跡が残っていますね。その足跡からは、当時の人類が確実に二本足でまっすぐに立って歩いていたことがわかっています。先頭を歩く足跡は大きくて、隣と後ろに立つ二人の足跡は小さい。おそらく先頭は父親で、隣と後ろにいるのは母親と子どものどちらかでしょう。つまりそれは、家族の足跡だと考えられているわけですね。とすると、三百六十万年前にはすでに人類は家族関係を成立させていたとしてもおかしくはない。家族での移動が人類拡散の始まりだと考えている私は、その「家族」がいた場所を目指して旅を続けました。

山極　一九七四年にエチオピアで、アメリカの人類学者、ドナルド・ジョハンソン博士らが約三百十八万年前の初期人類の骨格化石「ルーシー」を発見しました。ラエトリで見つかった足跡の化石と同時期のものですが、こちらは周辺の化石からルーシーを含めた十一人から十二人の集団だったことがわかったので、彼らは「最初の家族」と呼ばれました。もしそうだとしたら、彼らはゴリラのような〝家族的な集団〟だったのではないかと思われます。複数の家族的集団が集まった共同体はまだ形成していなかったから、厳密には「家族」ではない。けれど、特定のオスとメス同士が持続的に繁殖生活を送っていた家族的な集団だった可能性は高いと思いますね。

父親とは誰か

関野　話は変わりますが、数年前、原稿を書いている最中にどうしても気になったことがあって山極さんに電話したのですが、会議中とかで話せなかった。そこでサル学の権威で、児童文学者でもある河合雅雄先生に連絡して、聞きました。ゴリラのオスは父親の役割を果たしているのか、という疑問についてです。

そのとき河合先生は、「父親」とは「家族」が発生して初めて存在するものであるから、家族を成立させていないゴリラはまだ父親にはなっていない、といった話をしてくれました。

山極　ぼくも河合先生と同じ考えです。というのは、ぼくは人間の父親を、人類の「最初の文化的装置」だったと考えているんです。そもそも、オスが自然の状態のままでいるならば、メスの妊娠・出産以降の「父親の役割」なんて果たす必要はなかったはずです。でも、人間の父親は、それを果たそうとする。それこそが、自然から文化へと移行する過程に起こったことなのではないかと思うのです。

ゴリラ社会では、オスはメスと子どもに認められて初めて父親になります。そこには、メスと子どもの支持が不可欠です。父親は、メスと子どもが作った〝構築物〟であるといってもいい。しかしメスと子どもが父親として認めたとはいえ、コミュニティー全体やほかのゴリラの集団から父親だと認知されるわけではない。そこが人間の家族、人間社会との大きな違いです。

人間社会ではいくら離れた場所で暮らしている男であっても、妻である女性も子ども、そして周囲も、「あいつが父親だ」と認めます。人間社会の父親とは、周囲のすべての人間が合意した存在です。社会制度だといってもいいかもしれない。

関野　ゴリラ社会での父親は、社会的な存在というより自然状態に近いということですか。

山極　ゴリラの場合は、社会的な父親とはいえませんが、そこに近い段階まできているという気はしています。ゴリラも人間も、自分の意志だけでは父親にはなれませんが、メスと子どもに認められているという点でそこをクリアしているからです。

ゴリラの父親は子育てを行います。とくに母親がいなくなった孤児は、父親に引き取られて一緒に過ごしたり、同じベッドで眠ったりします。母親がいても、乳離れした子どもが父親のベッドで寝るケースもある。四六時中、父親のあとをぴったりとついて歩く子どもゴリラもいます。それは危機が迫ったら、子どもたちを守るのは母親ではなく、父親の役割だからです。

また、ゴリラの家族では、子どもがある程度成長すると、子育てが母親から父親にバトンタッチされます。バトンタッチしてしまうと、母親にとって子どもはほとんど意味を失ってしまうんです。

関野　ゴリラは父親と母親の役割がはっきり分かれているんですね。一方、人間の家族は子どもを父親と母親が協力して育てます。父親と母親だけでなく、周囲の人たちも一緒に子どもを育てるという特徴がある。そこも人間とゴリラの子育ての大きな違いといえますね。

女性はなぜ発情を隠して装飾するのか

関野　子育て以前の話になりますが、人間とゴリラの性行動の違いはどうでしょう。人間以外のほとんどの動物には発情期がありますね。じつは私は発情期がないことが人間の大きな特徴だと考えているんですが。

たとえば、チンパンジーは発情期になると性皮《せいひ》と呼ばれるメスの性器が赤く膨らみます。チンパンジーに比べると目立たないように感じますが、ゴリラにも発情期はあるのですか？

山極　厳密に言えば、性周期はチンパンジーだけでなく、サルにもゴリラにも、人間にもあります。性周期とは月経の周期、排卵日の周期のことです。妊娠可能なのは排卵日から逆算して七十二時間。その期間を中心に、メスの身体が変化する種がいる。それがメスの発情兆候です。

チンパンジーの場合は、膣の周りの皮である性皮がバーッと膨らんでピンク色になる。これが薄暗い森林のなかで非常に目立つ。そこをめがけてオスたちが集まってきて、乱交的な交尾に発展する。

チンパンジーの交尾はオスがメスのお尻を抱えてから平均七秒ほどで終わります。ニホンザルにも同じように性周期はありますが、一年間のうちの秋から冬にかけて三カ月の間に二週間おきに発情期がくる。やはりその時期にチンパンジーと同様にオスたちが集まってきて、入れ代わり立ち代わり乱交的な交尾を行う。

けれども、ゴリラは違います。排卵期になってもメスが発情兆候を示さない。チンパンジーのようにお尻が腫れることもない。だからオスは、メスが発情しているかどうか察知できません。密閉された実験室ならほんのわずかですが匂いが変化するのでわかります。しかし自然界の、とくに森のなかでは匂いが風で消えてしまうから、メスが交尾可能かどうかはわからない。

では、どうやって交尾をするのか。ゴリラの場合、発情したメスは、誘いかけるようにしてオスのそばに寄っていくんですね。そういうメスの誘いで、発情に気づいたオスと交尾をする。

そんなわけで、人間以外の霊長類のオスは、メスが性周期に基づいて発情したときにだけ交尾をする。逆に言えば、メスが発情しないと交尾できないわけです。

関野　ゴリラもチンパンジーも、メスは自分の排卵期を知っているわけですね。

山極　オスは知らないはずですが、メスは自分の排卵期はわかっているでしょうね。

関野　人間の女性だと、排卵痛がある人以外は自分が排卵期かどうかはわからない。何のために人間の女性は排卵期を隠しているのか、あるいは隠すようになったのか。山極さんはどう考えますか？

山極　それはぼくも気になって調べてみましたが、はっきりしたことはわかりませんでした。でも、いくつかの説があって、ひとつは人類が二足歩行をし始めて産道の大きさが制限されたのにもかかわらず、大きな頭の赤ちゃんを産もうとしたので難産になった。その産みの苦しみの記憶を持っていたくないから、自分がいつ妊娠するかわからないようになったという説です。

もうひとつは、排卵の隠蔽説。これは人間の女性が男性に排卵を知られてしまうと、常に男性を引きつけておけなくなるので隠したという説。さらにチンパンジーのようにお尻を腫らしていたら、たくさんの男を惹きつけて乱交的な交尾をすることになってしまい、それでは家族関係が崩壊してしまうから発情を隠したとする説ですね。

一方、ダーウィンの進化論が出たあと、十九世紀の終わりに社会進化論を唱えたルイス・モルガンやヨハン・バッハオーフェンの社会人類学者たちは、人間の婚姻はオスもメスも集団内で複数の人間と性交渉を行う原始乱婚のシステムからスタートしたと主張しました。つまり、人間にはもともと乱婚の時代があって、そこから一夫多妻、一夫一妻という形に結婚制度が発展（進化）したと考えたわけです。

これは、家族成立の条件であるインセスト・タブーを明確にして、性的関係を結ぶ相手を限定するために排卵が隠されるようになった、それによって現代のような家族は作られたのではないか、という考え方ですね。

関野　しかし文化人類学の調査では、世界各地の先住民のなかで一夫多妻や一夫一妻の婚姻の形はあるけれど、乱婚は確認されていません。最後の説には反論する立場の人も大勢いますよね。

山極　そのとおりです。ただ、ここで興味深いのは、人間も昔は乱婚だったという主張が、チンパンジーの研究に受け継がれたこと。そして次のような仮説が生まれたことですね。

人間も、もともとはチンパンジーのメスのように発情するとお尻が腫れるという特徴を持っていた。しかし、そうするとひとりの男を自分の保護者にすることができない。だから排卵を隠匿し、発情していないふりをして男に対してロイヤリティーを示した。そうして自分と自分の子どもを守ってくれるオスを引き留めた――。

関野　うーん。性や発情を、ある程度コントロールできるのが人間の特徴で、そこが動物やほかの霊長類とは大きく違う点ですからね。とするなら、人間のメスが排卵期にお尻を腫らしていたという仮説は疑問ですね。

山極　ぼくも関野さんと同じで、お尻を腫らしていたという説は疑っています。動物のメスは排卵日の前後にしか発情しないし、発情していない時期はメスは交尾できません。しかし人間の女性は自分の意志で発情もできるし、発情しないでいることもできる。あるいは常に発情しているともいないともいえる。とくに発情期を隠しているわけでもありません。ぼくなりに言えば、自分の意志で性を使い分けることができているんです。

関野　そもそも、ほかの動物は自分の意志で発情しようとか、性をコントロールしようなんて考えもしないでしょうからね（笑）。

山極　そうなんです。あまり議論されていませんが、ぼくはそこが重要だと思うんです。そこで、発情兆候は現われないけれども自分の意志で発情もできる人間の女性は、何をしたか。着飾る必要が出てきたと思うのです。外見の変化で発情の兆候がわからないので、魅力的なシンボルを自分の身体にまとわなければならなかったのではないか。

魅力的に見せて、特定の男性に注目してもらう必要があった。ただし、それが必ず発情している証拠かどうかはわからない。

関野　日常的に着飾るようになると、わかりませんよね。これは女性の立場では違う意見もあるかもしれません。ただし女性、つまりメスが着飾るというのは人間の大きな特徴ですね。

ほとんどの野生動物は人間とは逆で、オスのほうが色彩が派手だったり、大きな角を持っていたりと、目立つ外見でメスを惹きつけようとします。自分の遺伝子を残すために派手に見せようとしている。

山極　目立つ姿形をしている野生動物のオスは、メスにとって魅力的なだけではありません。メスと同時に外敵も引きつける。それでも健康に生きていられるのは、そのオスが強い証拠です。だからセクシャルセレクション――これを「性淘汰」というのですが、メスに選ばれて、強い子孫を残して生き延びてきた。

関野　メスが着飾り、化粧をするという動物は非常に珍しい。なぜ人間だけにそのような現象が起きたのか。発情以外の要因があるとすれば何か、ずっと気になって調べてみましたが、結局答えがわからなかった。

山極　それは、ひとつ考えられるとすれば、人間の女性が生み出した戦略や文化の可能性ですね。人間の身体能力や生理的欲求のあり方を考えると、一夫一妻というのは本来、人間には向いていない。しかし、社会的、文化的に考えれば、ひとりの男性を自分や子どもに関連づけて、男性同士の連帯を引き出し、自分たちの保護と子どもの養育に当たらせるにはいいシステムです。一夫一妻はそのための女性の戦略だったのではないかと思います。

この話、ぼくがそう考える理由は、ほかの霊長類にヒントがあるからなんですが、じつは人間以外の霊長類のなかにもテナガザルなどのようにペアで生活する種はいます。しかし、ペアで暮らす霊長類はオスとメスの体つきがほとんど同じ。体重差も体格差もないんですね。ところが、人間の男性と女性の体つきはかなり違う。体格で劣るメスが、自然のなかで生き延びるためには、複数のオスと複数のメスが集団を組むか、単数のオスが複数のメスと一緒に一夫多妻の集団を作ったほうがいい。人間のように特定のメスとオスがペアとなって、一緒にいるというのは、生き残りには適していないはずなんです。しかしあえて人間はそんな形の家族を作り出した。

男が威張る社会

関野　一夫多妻の話は、これも河合雅雄先生の受け売りですが、地球上の民族を見渡してみると、その八割以上が一夫多妻の婚姻システムなんだそうですね。
　あらためて振り返ってみると、私が学生時代から四十年以上通っているアマゾンでも、『グレートジャーニー』で旅したイスラム教圏でも、一夫多妻の生活をしている人たちがたくさんいました。同時に、アマゾンの森で狩猟採集をしている先住民族の村などでは、女性に比べて男性の数が少ないことが気になっていました。

山極　戦いなどで命を落とすから男の数が少ないのですか？

関野　それもあるとは思いますが、そもそも男の子は女の子よりも弱くて、幼いうちに死んでしまうからではないでしょうか。アマゾンでは、先住民の乳幼児の多くが風邪などの感染症が原因で亡くなっています。ブラジルの全体平均の倍以上の割合で子どもが死んでいるという報告もあるほどなんですね。
　サルや人類が生まれた亜熱帯には、細菌やウイルスがたくさん存在しています。サルや人類は、森林やジャングルでは食物連鎖の上位に位置していて、外敵となる大型の動物も少ない。それでも爆発的に数が増えなかったのは、細菌やウイルスが引き起こす感染症の影響が大きかった。そしてそこでは、女児よりも男児のほうが細菌やウイルスに対する耐性がないというのが実態だった。そういうことではないかと思います。

山極　なるほど。それをゴリラやチンパンジーの例で言いますと、数が増えなかったのには原因が二つあります。ひとつが少産で、もうひとつが新生児の死亡率の高さです。四年から六年に一度しか子どもを産めないし、五歳までの生存率は五〇パーセントから七〇パーセントほど。逆に言えば、三割から半数ほどが五歳までに死んでしまうわけですね。

ちなみに、チンパンジーの平均寿命はオスが約十一歳で、メスが約十四歳です。長寿の個体は四十歳から五十歳まで生きるんですが、乳幼児の死亡率が高いから平均寿命が下がるわけです。

関野　子どもの死亡率にオスとメスの差はないんですか?

山極　メスのほうが死亡率は少し低いですが、関野さんがアマゾンで見たほどの顕著な差はありません。オスのほうが危険に遭う可能性が高いから死んでしまう数も多いとは思いますが、それほど極端ではないですね。

関野　そうですか。さっきは狩猟採集民を例に出しましたが、じつは南米で私が入っていった地域では、どこも男児の数は少ないんですね。白人と先住民の混血であるメスチーソや、白人たちが暮らす町や日系移民が開拓した村、アマゾンの熱帯雨林のリベラルタでも、やはり男の子が少ない。女児よりも男児のほうが死亡率が高いのは、狩猟採集民だけでなく、熱帯雨林の近くで暮らす人々に共通する特徴なんです。

山極　だとすると、そこから何かが、数が多いほうの女性の価値観や人生観に表れてきませんか。この社会は自分たち女が作るんだ、という考えが生じて、自立した生き方が強まるような気がしますが。

関野　うーん。そうした場所ではむしろ、女性がしっかりしているということよりも、男たちが働かないくせに威張っているのが印象的に見えますね。ひょっとすると、男たちは数が少ないから威張っていても大切にされると体験的に知っているのかもしれません（笑）。ただ、それだけではなく、たとえば狩猟採集民の男たちが威張っていられるのには理由があるんです。

アマゾンには完全な狩猟採集だけで生きている人はいません。狩猟採集以外にも焼き畑をやっていて、森林を破壊しないよう二年おきに場所を変えて移動しながら作物を作っている。そんな狩猟採集民の食生活で最も貴重なのは動物性のタンパク質です。

そこに狩猟採集民の男が威張っていられる秘密があるんです。
男たちはふだん働かずに怠けていますが、狩猟になると本当に生き生きと動き出します。狩猟こそが集団のなかでの彼らの役割だからです。バクやオオアリクイ、イノシシ、カピバラ、シカなどの大型の動物、それにサル、パカ、アルマジロなどの中小の動物を、男たちはジャングルで捕らえ、獲物を村に持ち帰る。そして村人全員で一緒に食べるわけです。

山極　その、仲間や家族と一緒に食事するということ――「共食」も人間ならではの特徴ですね。野生動物は共食はしません。ゴリラやチンパンジーは近い行動をしますが、基本的には自分が得た食物をその場で自分で消費する。

関野　それについては、私が学生時代の当初から通っていたアマゾンの先住民マチゲンガの村の食事が示唆的でした。彼らは「個食」と「共食」をとてもうまく使い分けていた。たとえば、バッタや甲虫類の幼虫、小魚、貝、川ガニ、川エビなど小さな獲物は、捕っても一緒には食べません。みんな好き勝手に四六時中、ひとりで何か食べている。それは、女でも子どもでも年寄りでも手にできる食物だから、分け合わずにそれぞれが勝手に食べたいときに食べるわけです。
しかし、ペッカリーなどの大きな獲物をみんなで協力して捕獲した日は、村の雰囲気ががらりと変わります。お祭り騒ぎです。

大きな獲物を捕ったとき、村には明確な役割分担があります。解体は男、内臓を取り出すのは女たちの仕事です。女たちは、内臓を各家庭に均等に分配して、それぞれが家に持ち帰って煮ます。その後、男たちが櫓《やぐら》を組んで二十四時間くらいかけて弱火で肉を燻《いぶ》す。そのときに二度目の分配が行われて、共食が始まります。

食事の席は、男と女で別々の車座を作ります。私のようなよそ者も男たちが車座に入るように誘ってくれる。小さな子どもたちは女たちとともに食事していました。彼らは、美味しい部分や柔らかく食べやすい肉を自分で食べずに、妻が夫に持ってきてあげたり、同じ座で兄が弟に分けたりしていました。ほほえましかったですね。

小魚やイモでも腹は膨れる。しかし大きな動物をみんなで分かち合って共食すると、腹だけではなく、気持ちも満たされて胸も一杯になるのではないか。彼らと生活してみて、そんなふうに感じました。

山極　同感ですね。霊長類も自分で捕った小さな獲物やフルーツなどはその場で食べます。人類の祖先もそうだったはずです。しかし、やはり「肉」の存在は、ほかの霊長類と人間を分けるうえで大きかった。しかも、その人間の集団で肉を手に入れるのは、現代の狩猟採集民でもそうですが、男の役割だった。

ここで今西錦司さんが語った家族の四条件――「外婚性」「インセスト・タブー」「男女の分業」「近隣関係」というのを思い出してください。ここまで触れなかったけれど、「男女の分業」は、肉を捕るという役割によって進んだ可能性があると考えられます。「腹だけではなく、気持ちも満たされて胸も一杯になる」という関野さんの言葉が象徴していますが、人間にとって肉はうまいだけでなく、カーニバルのような儀式的な意味合いを持ちます。だからこそ、お祭り騒ぎになるわけです。

関野　いまの話を聞いて、社会問題にもなっている「孤食」を連想しました。個人的な食事の「個食」ではなく、孤独な食事をする人が増えた。核家族化や都市化が進み、コンビニエンスストアやファストフード店がいたるところにできて、家族や仲間と食卓を囲む機会、共食する機会が著しく減ってしまいました。

山極　「孤食」について考えるうえでは、経済的な背景が見逃せません。現代は何につけても経済性、効率性を最優先する時代です。孤食もそこに繋がっている。いままで食事するために十分にあった時間が、どんどん省略化、効率化されて減ってしまっている。コンビニエンスストアやファストフード店は、調理する手間を省いて、自由な時間を持つという利便を追い求めた結果、作られたものです。

もともと食事はひとりで食べる場合もあるかもしれませんが、どの民族でも家族や仲間と同じ場所で同じ物を食べようとする。食事は社会的な道具、言い換えればコミュニケーションの場です。コミュニケーションのために人は集まり、逆に、人が互いに対面して食事をすることでコミュニケーションは成り立ってきた。いわば共食は社会を作る手段だったはずなんですね。

関野 山極さんは、人類が果たした業績のひとつに「食物の共有」を挙げました。食物の共有と共同保育が、自分は家族や集団とともにあるという「共感力」を育んだ、というお話でしたが、しかしこのまま孤食が進めば、人類が成し遂げた功績のひとつが失われるのではないか——。そんな危惧を抱きます。

山極 そこをわれわれは、もっと深刻に考えなければいけないでしょうね。

第三章　狩猟と戦争

狩猟から戦争が起こったのか

関野　前章では山極さんは、共同保育や食物の共有によって人類には「高い共感力」が育まれ、それが人間を人間たらしめた、と語りました。しかし一方で、その「高い共感力」が争いを生んで戦争をも引き起こしてきた、と指摘していますね。

山極　そのとおりです。

関野　私はそれを聞いて、山極さんの著書『暴力はどこからきたか』のエピソードを思い出しました。山極さんがザイール（現コンゴ民主共和国）の内戦時に出会った少年兵に、「なぜこの戦闘に加わったのか」と聞くと、少年兵は「家族を殺されたからだ」と答える。それを聞いて山極さんは、ああ、支配者はこうした憎悪を利用して、憎悪の連鎖を作り出す。だから戦争がなくなることはないんだな、と実感する。そんな話でしたよね。

私はそんな憎悪の根っこにこそ、山極さんの言う「共感力」の負の面が働いているんだなと思いました。

山極　ぼくもそのとき本当に、「ああ、ここに戦いの原点がある」と感じました。戦いは究極の破壊であると同時に、究極の愛の表現でもあるのではないか、と思った。戦い傷つき、死んでいった人々の恐怖や苦痛を、人間なら誰しも共感できるはずです。だからこそ、その災禍をもたらした敵への憎悪と家族の恨みを晴らそうという気持ちが強くなります。さらには、戦争によって脅かされる家族の安全を守るため、戦いに参加するという動機が正当化されます。それが家族への愛を示す最良の方法だと見なされるからです。

共感力は本来、戦争とはまったく関係ないところで育まれた感情ですが、その共感力があるからこそ、共感する相手を傷つけられると憎悪が生まれます。共感力が高ければ高いほど、アレルギー反応のように加熱して激しい争いに発展するわけです。

さて、ここでそうした「人間の争い」の原点について、問題提起をさせてください。人間は、初めて手にした道具を何に使ったのか。果たしてそれは武器として使われたのか――という問題です。ぼくが前に食料革命について説明したときには、二百六十万年前に初めて石器が食器として使われるようになったと話しましたが、これにはさまざまな仮説があります。

関野　そうですね。その代表的なものが「狩猟仮説」で、人類の祖先は狩猟のために道具を用いて攻撃性を高めていった。やがて狩猟に使っていた武器を同じ人間に向け、支配と被支配の関係を作り、社会の秩序を生み出していった、という説ですね。

山極　いまも多くの人がそんな考えに取り憑かれています。人類は狩猟によって進化して、オープンランドに進出できたのだと信じている人が多い。

しかし果たして、狩猟から戦争へという図式の進化が、本当に過去に起こったのか。もし起こったとしたら、それはいつなのか。そこを問い直すうえでも、ぼくは狩猟と戦争を異なる起源の問題として考えなければならないと思うんです。

戦後間もないころに活躍した先史人類学者のレイモンド・ダートはアウストラロピテクスの時代に起こったと主張しました。アウストラロピテクスの化石骨に残った傷は仲間によって殺された痕跡だと語り、狩猟者として成功した人間は、その武器を人間に向けた。だから武器で戦うという行為は人間の本性だと結論づけた。そしてその考えには誰も疑いを持たなかった。彼の意見は多くの人たちに影響を与えました。たとえば、劇作家として名を知られていたロバート・アードレイはダートの考えに心を動かされて、一九六二年に『アフリカ創世記　殺戮と闘争の人類史』という本を書いた。彼は動物行動学や霊長類学の知識をもとにこんなことを述べた。

人間は武器を用いることによって、動物が本能として持っている攻撃性を拡大して、殺戮者としての歴史を歩んで現代に至る。はるかなる過去の時代から人類は武器の改良と競争に精力を捧げてきた。そんな人類が戦争を放棄するのは不可能だ。武器と戦争は人間社会に自由と規律をもたらす最高の手段だった。戦争を抜きに人類は自由な世界を築くことはできない。殺戮者である人類が、いかに他者と共存するか考え続けてきたからこそ、大きな脳を発達させることに成功した——。

この『アフリカ創世記』も多くの文化人類学者や動物行動学者に支持されました。さらにアードレイの説から一本の映画が誕生しました。一九六八年に公開された『2001年宇宙の旅』です。関野さんもご覧になっていると思いますが、そのなかにとても有名なシーンがある。

——宇宙から来た謎の物体に影響を受けた猿人が、動物の大腿骨を武器にして狩猟を始める。やがて武器は敵対する猿人に向けられて争いを生む。これは、人類の進化は武器とともにあった、そしてそれが人間の原罪である、というスタンリー・キューブリック監督のメッセージだったのでしょう。

関野　しかし、現在ではその説は否定されていますよね。

山極　そうです。人間は狩猟によって社会を築いたのではない。その逆で、人間のコミュニケーション能力も、社会も、人間よりも強い肉食獣から協力して身を守るために発達したとぼくは考えています。だから石器が使われたからといって狩猟が盛んに行われるようになったと考えるのは短絡的だと思います。当初、石器はあくまで食器だった。

狩猟が人間の攻撃性を高めたという説は間違いだったということは、いまではいくつかの証拠によって明らかにされています。

一九六〇年代と七〇年代に南アフリカでアウストラロピテクスの遺跡を調査したチャールズ・ブレインは、レイモンド・ダートの意見が間違っていたことを洞窟内の化石骨を調べて証明しました。アウストラロピテクスは仲間に殺されたのではなく、骨の傷は洞窟が崩れて下敷きになったり、ヒョウなどの捕食者に襲われたりしてつけられたものだと断定したわけです。

また、武器を用いた狩猟技術の向上が人間の攻撃性を高めたという説も、狩猟採集民の研究から否定されるようになりました。

一九六六年にアメリカのシカゴで、狩猟採集民や霊長類を研究する学者たちの一大シンポジウムが開かれましたが、その会議では狩猟採集という生活様式をあらゆる角度から検証していきました。人類が二百万年前に文化を持ってから一万年前の農耕出現に至るまで、その生活の九九パーセント以上が狩猟採集で営まれたことが論じられました。その結果、狩猟は人類にとっては、不安定で複雑な環境で生き抜くために最も適応した生業であるとされました。

関野 その結論は、現代人の狩猟採集生活に対する認識を大きく変える発見でしたね。原始的で貧しいとバカにしていた狩猟採集民が、じつは豊かな食物に恵まれていたとされたわけですから、多くの人が驚いた。

山極 当時は衝撃的だったと思います。しかしこのシンポジウムでも、まだベースには、人類が狩猟から争いへ向かっていったという観念があった。狩猟と人間の攻撃性を結びつけるそれまでの考えが反映されていたから、かなり混乱した議論が行われています。

関野 どんな議論があったのですか?

山極 やはり、殺人を好む人間の攻撃性は狩猟によって育まれたと考える研究者が少なからずいましたからね。それと現代の狩猟民にとっても欧米人にとっても、戦争は狩猟とほぼ同じような感覚で捉えられていて、男たちにとっての楽しみだという考えもありましたから、そうした見解も述べられた。

しかし、アフリカの熱帯雨林の狩猟民であるピグミーの調査を続けたコリン・ターンブルという研究者は「狩猟民は攻撃的なのか」という質問を受けたとき、調査結果を示しながらこのように否定しました。

狩猟は攻撃性を高めるために行われるものではない。その逆で、ピグミーの人たちは争いを抑止するような社会性を発達させている。あるいはブッシュマンと呼ばれる砂漠に住む狩猟採集民も、ハッザというサバンナで暮らす狩猟採集民も、同様に争いを好むような傾向はなかった――と。

これに関して付け加えれば、一九五〇年代にアフリカのカラハリ砂漠でブッシュマンを調査したエリザベス・トーマスも、『ハームレス・ピープル』という本で、争いごとを避ける彼らの生活を描いています。このようにして狩猟採集民の調査が進んだことで、やがて狩猟と攻撃性を結びつける単純な図式は崩れ去りました。

関野 その話を聞いて、さらに私自身の体験を振り返ってみても、狩猟と人間の攻撃性を結びつける図式にはやはり無理があると感じますね。現実の狩猟民たちは争いを好まず、平和に生活しているわけですから。そう考えると、そのシカゴでのシンポジウムは、外部からの狩猟採集観を問い直すターニングポイントとなった会議だったわけですね。

山極 そうですね。それでぼく自身は、そうした議論を振り返り、実際にアフリカの狩猟採集民と付き合っていくなかで、狩猟と戦争は分けて考えるべきだと思うようになりました。

関野　その狩猟と戦争の関係についてはどうですか。それと道具との関係については。山極さんは、人間が石器を使ったのは、まず食器としてだったと言いましたが……。

山極　ええ。遺跡や化石などを見てみると、石器がまず食器として用いられたことは間違いないと思います。肉だけでなく、硬い植物を切ったり叩いたりして食べやすくするために用いた道具が、その後、狩猟具としても使われるようになった。しかし、そこから戦争のための武器へ、となると一直線では繋がらない。

そもそも狩猟採集は経済行為です。狩猟の目的は獲物を確実に、しかも効率的に仕留めることです。経済行為であった狩猟の道具を、人に向ける前には、もうひとつ段階があったのではないかと思います。

争いの原点には、互いの主張の食い違いがありますよね。当初、武器は自己主張を相手に認めさせるための脅しや威嚇に使われたはずです。仮に一方の主張を相手が受け入れれば、戦う必要はなくなります。武器は相手を殺すための道具ではなく、相手に主張をのませるための脅しの道具だった可能性があるのではないでしょうか。

戦争の火種

関野　山極さんのお話は、争いの原点には互いの主張の食い違いがあるが、それが必ずしも武器を取っての殺し合い、つまり戦争に発展するものではないだろう、という当然の指摘ですよね。だから人類にとっては、武器さえも最初は殺すための実用具ではなく、見せて脅すためのものだったのではないかと。

では、その武器で実際に人が殺し合う戦争は、そもそもなぜ起こるのか。人類はなぜ戦争というものを始めたのか——。

その答えを得ようとして、五十年以上前に「戦争の研究」というシンポジウムが行われました。さまざまな分野の研究者が集まって、戦争が起きる原因は何かと話し合ったわけです。

そして、そのシンポジウムで多くの研究者が出した答えが「土地」でした。つまり、土地を巡る集団ごとの思惑の違い、争いが、人間が戦争を始めたきっかけになった、戦争の最初の火種は土地だった、という結論を出そうとしたわけですね。

ところがそれに、ひとりだけ異論を唱えた研究者がいました。

「私の研究対象の人々は土地で争うことはない」

そう言って反論したのは、アマゾンの先住民ヤノマミの調査を続ける文化人類学者のナポレオン・シャグノンでした。ヤノマミを含めて、各地で多くの先住民たちと暮らしてみた私も、その意見には同意できました。

アマゾンのヤノマミだけでなく、マチゲンガも北米のアメリカンインディアンも、あるいはモンゴルの遊牧民も、土地を自分の所有物だとは考えていません。彼らは、土地は目に見えない大きな存在が支配していると捉え、それを自分たちは借り受けているという感覚でいる。または、土地は誰のものでもない、みんなのものだという感覚ですね。

だから土地は当初、争いの原因になりようがなかった。そんな彼らの価値観に変化が生まれたのは、十五世紀にヨーロッパ人が南米を侵略してからです。侵略者はまず柵を作った。

山極　柵ですか。つまり境界を作ったわけですね？

関野　そうです。北米でも同じことが起こりましたが、これは先住民にとっては、とんでもないことなんです。狩猟採集民は移動して獲物を追うから、柵があったら生活できなくなる。

山極　そうですね。

関野　じつはこの話、数世紀前の歴史上の出来事というだけではありません。現代にまで続いている現実です。一九八〇年代後半のことですが、私はチリを旅していて、チロエ島に暮らす先住民族ウィジチェの集落を訪ねました。集落は、雨量が年間四〇〇〇ミリ以上で保たれるという、世界でも珍しい着生植物の多い亜寒帯の雲霧林に囲まれていました。その森をウィジチェは共有地としていて、薪《まき》が欲しいときや家を建てたいときには、自由に森に入って生活に必要な分だけ木を切っていた。
ところが、それから五年後に再び集落を訪ねると、そこが悲惨な状況になっていたんです。その当時のチリはピノチェト軍事政権下で、米国との関係が強く、経済政策も新自由主義理論を信奉して、共同体分割の法制化や土地の私有化を進めていたんですね。そのうえ、助成金や税の優遇措置を受けた植林企業が、気候的・地理的に植林に適したチロエ島に事業拡大をしてきたものだから、先住民のなかでも現金が欲しい人は、国内外の企業に土地を売った。その土地はあっという間に鉄条網や柵で囲われて、伐採、植林が始まった。すぐに木材の運搬用道路もできて、森が一気に破壊されていきました。現金が欲しい人と森を守ろうとする人……先住民の間で仲違いも始まり分断が起きた。

南米だけの問題ではありません。そんな争いが世界中で起きている。モンゴルでも同様の現実を目の当たりにしました。一九九一年にモンゴルで市場経済が導入されてから、アメリカが土地の私有化を要求しています。いままで誰のものでもなかった草原を、個人が所有する動きが現れた。

モンゴルの遊牧民は季節ごとに家畜と移動して暮らしています。遊牧民が最も大切にするウマ、ウシ、ラクダ、ヒツジ、ヤギを五大家畜と呼びますが、これらはそれぞれエサとなる草が違うんです。ヒツジなら草を上のほうだけ食べる。ヤギは根まで食べる。特定の草だけを食べすぎると草原が荒れるから、そうならないように、遊牧民は季節ごとにエサとなる草を求めて移動します。飼う家畜種もバランスよく選んで移牧生活を営んでいました。

しかし、その草原が他人の私有地になると、そこには入れなくなる。土地の私有化は現実に都市近郊から始まっていますから、自由に通行ができなくなった遊牧民は生活を脅かされて、当然それに反発し、諍《いさか》いの原因になっていました。

それらを見ると、土地を巡る争いは、所有するというところから始まっていて、所有の観念を伴わなければ土地を巡る争いも起きなかったと思います。現実にいまも土地を所有していないヤノマミは土地が原因で争ってはいないわけですし、土地そのものが人間の争いの始まりというのは違うと思いますね。

山極　とはいえ、関野さんは狩猟採集民の現場で、戦いもずいぶん目撃されていると思います。土地が原因でないとすると、彼らはなぜ戦うのでしょう？

関野　多くは自分の尊厳や誇りを守るためです。それに女性の存在も争いを生む。ヤノマミの場合は女性を奪われたら相手を許しません。これほど尊厳を傷つけられることはありませんから。

山極　男性はやはり戦うわけですね。では、女性はどうですか。

関野　女性も戦いますが、ほとんどが肉親同士のケンカです。夫婦ゲンカや兄弟姉妹でケンカをするくらい。日本人には想像できないかもしれませんが、激しく棒で叩き合ったりしますけど（笑）。

ただし、村同士で諍いが起きて、戦うときは男が出ていきます。女は参加しません。しかし、よく観察していると、村同士でも全面戦争は滅多にしないんです。まず話し合う。それでも解決しないときには胸叩きの決闘があるんですよ。

山極　胸を叩き合うんですか？

関野　そう。でも、その前にも作法というか、順序がある。たとえば、私の訪れた村の男が女房を隣村の間男に寝取られた例に出合いました。そんなときでも、いきなり個人同士の決闘が始まるのではなく、まず話し合いの場が持たれるんですね。それも夫と女房の両親が間男の村に乗り込んで、村同士で解決策を探る。それで折り合いがつかないときに村同士の対決が始まる。対決といってもいきなり抗争が始まって弓矢で射ち合ったり、棒で殴り合ったりするわけではありません。

どちらかの村に男たちが集まって、みんなが円陣を組んで当事者二人を囲む。そして二人が互いの胸を順番に拳骨の小指側で叩き合う。最初に叩かれたら、次は相手の同じ場所を叩き返す。叩かれるほうはわざと胸を突き出して「怖くねえぞ」「やれるもんならやってみろ」と相手や周囲の男たちにアピールする。

表情を変えたり、体勢を崩したほうが負け。勝ったら次の相手を指名してもいいし、「次はオレが相手だ」と名乗り出てもいい。どちらも表情も体勢も崩れなければ、引き分け。すると村を代表する次の二人が出てきて決闘する。そうやって何度も決闘を繰り返して、ある時点で村に押しかけてきた男たちが「オレたちの勝ちだ」と帰っていく。

山極　では、村に残ったほうが負けたのか、というとそうではないんです。残ったほうは残ったほうで「あいつら怖じ気づいて帰っていった」と思って、勝った気でいる。どちらも勝利の感覚を持つわけですか。面白いですね。それだと互いの面子《めんつ》を保つことができる。しかし決着がつかない場合もあるでしょう?

関野　そのときも、みんなが見守る前で一・五メートルほどの長さの棒を持って互いの頭を殴り合う。勝敗は表情の変化と体勢を保てるかどうかで決まります。そのときの頭の傷は、その男の勲章になる。それでもダメなときに、初めて弓矢を使うわけですね。ひとりの女を奪われたら、相手の村の女をひとり奪うとか、ひとり殺されたら、相手の村の男をひとり殺すとか。夜明けに行って出てきた男に矢を射かけて逃げてくる。

私が知る限り、全面戦争には滅多にならない。決闘を儀式化、様式化することによって、相手を殲滅したり、滅ぼしたりするまでの争いにはしないようにしている。つまり、泥沼の争いを避ける術《すべ》を知っているわけですね。山極さんがおっしゃるように、互いの面子を立てる仕組みになっている。

面子を守るゴリラの作法

山極　面子を潰すと、全面的に戦って滅ぼすか、滅ぼされるしか道がありませんからね。

関野　いまの中東での戦争がまさにそうですね。殺すか、殺されるか。滅ぼすか滅ぼされるか。どちらかしかないように見える。ヤノマミなど先住民族の知恵が欲しいところです。というか、人間が争いごとに関して持っていたはずの知恵が失われているのが悲しい。

山極　先住民もそうですが、その点ではゴリラに学ぶべき点も多いように思われます。というのは、ゴリラもオス同士の戦いは面子の張り合いなんですね。争いになったオスたちが共存するためには、互いの面子を保つか、勝敗を決して上下関係を作るか、どちらかしかない。しかし二頭だけでは面子を保つことはできない。そこでは第三者の介入や仲裁行動が不可欠です。

人間でも、たとえば、プロ野球の試合中に審判が微妙な判定をすると両チームの監督が出てきて睨み合いが起きますよね。互いに胸を突き出して一歩も引き下がらない。簡単に折れるようでは、両チームの監督も審判も面子が丸潰れですから。

でも、睨み合いが続くと選手たちやほかの審判が割って入る。仲裁されることで互いの面子を保ったまま納得して引き分けることができる。そんなふうに互いの面子を尊重しつつ、建前と本音を使い分けているわけです。これはゴリラ社会でも同じで、争いの気配を察すると、オス同士が睨み合っている間にメスや子どもがさりげなく入ったり、身体を触ってなだめたりして仲裁をするんです。

関野　みんなが面子を尊重してやることで争いを避けているわけですね。だけど、ゴリラは身体も大きいし、大声を上げて胸を叩いて歩くから、本来、好戦的な動物なんじゃないかと思っている人も多い。ちょっと話は逸《そ》れますが、それは間違いなんですよね。

山極　おっしゃるように、ゴリラは長い間、人間たちに誤解されてきました。ゴリラは、一八四六年にアフリカのガボン共和国で欧米人によって発見されましたが、その欧米人の探検家たちの記録では、非常に暴力的で人間を見ればすぐに襲ってくるというイメージで描かれてきました。それを象徴するのが、映画の『キングコング』です。ゴリラは凶暴で好戦的な動物だという間違ったイメージを植えつけた映画でした。

周知のように、ゴリラは二本足で立って胸を叩く「ドラミング」という行為をします。欧米の探検家たちはドラミングを宣戦布告と受け取り、ゴリラが胸を叩くと鉄砲で撃ち殺した。

しかし、ドラミングは宣戦布告の合図ではないんです。自己の提示、あるいは相手に対する好奇心の現れであって、向かい合った相手に対して、自分は対等なんだと伝える行動なんですね。

　ゴリラはほかの群れが近づくと、胸を叩いて自分の存在を相手に知らせます。群れのオス同士が近づいてドラミングし合う。けれど、必ずメスがなだめに入るから殺し合うようなことになりません。若いオスは尻込みして逃げることがありますが、たいていの場合、どちらが強いか弱いか明らかになる前に別れ合ってしまいます。
　ゴリラにとって、ドラミングは自己主張であり、興味や興奮を相手に伝え合う儀式化された会話の手段、人間にとっての言葉に相当する信号なんです。

関野　そうやって存在を主張し合い、勝ち負けをつけずに共存の道を開くわけですね。

山極　まさにそのとおりです。ゴリラの社会は、勝って相手を退けるのではなく、相手と同じレベルで共存するという「負けない論理」で作られているんです。そこがゴリラ社会の大きな特徴なんですね。

関野　ほかの霊長類はどうですか？

山極　ニホンザルの社会は、勝ち負けの論理でできています。強いサルが来ると、弱いサルはエサを放さなければならない。強いサルだけがエサを独占できる。でも、あらかじめどちらが強いかはわかっているから、争いは起きにくい。ケンカが起きても、勝敗がつけば群れのサルは勝ったほうに加勢する。常に階層が保たれるから社会は安定するわけです。

「勝つ論理」で作られるニホンザルの社会と、「負けない論理」でできているゴリラの社会。これは、ニホンザルとゴリラの大きな違いです。

関野　山極さんは、人間の社会はどちらだと考えているんですか。

山極　「負けない論理」に属しているんじゃないかというのが、ぼくの考えです。人間はみんな負けたくないという意識が強いように感じます。争いごとに関してさまざまな工夫や仲介をするのは、負けたくないからじゃないでしょうか。

極論かもしれませんが、私は人類の家族というのも、人間の平等性や対等性を担保するためのシステム、つまり、誰もが負けないようにするために作られた「社会の装置」だと考えています。家族は繁殖における平等を徹底的に保証します。それだけではなく、共同体のなかではほかの家族を支配したり、攻撃したりしないような規範が作られている。社会に階層が生まれ、支配被支配の関係ができても、ほとんどの社会で家族を作ることが禁じられることはなかった。

関野　私も、人間とは本来そういう存在だと思います。しかし問題なのは、人間が財産を持つようになってからの歴史です。人間は所有物を徐々に蓄積し始めて、やがて土地の価値が高まった時代があった。侵略者が草原や森林に柵を作ったという話にも繋がりますが、相手の財産や土地を奪おうとして争いが始まった。

山極　ぼくは、狩猟採集の暮らしから農耕への移行、そして、それに先立つ定住化が人間の争いが激化する要因になったと考えています。関野さんのおっしゃる所有や蓄積もそこから始まる。さらに時代が進んで産業が起き、社会に貧富の差が生まれる。やがて職業軍人が現れて傭兵となり、財産を持つ人に雇われるようになる。こうして戦争を行う仕組みが生まれてくる。ただ、それらは人類の進化の長い長い歴史を振り返れば、非常に新しい時代、最近の話です。

関野　そのとおりだと思いますが、いまのお話の、歴史的に人間が戦争を激化させていく要因になったのは定住化と農耕の出現だった、というところを少し補足させてください。

人間はたしかに、狩猟採集の生活では貯蓄はできない。魚や動物は捕っても、燻製にしてせいぜい一週間が限界です。では、農耕ということでアマゾンの狩猟採集民がやっている焼き畑農業を見てみると、どうでしょうか。アマゾンの人たちが焼き畑で栽培する作物はバナナやキャッサバ、サトイモです。みんな貯蔵には向かない作物なんですね。だから収穫したらすぐに食べる。抱え込みもない。焼き畑農業には男女の分業はあるけれど、仕事は階層化されていない。

農耕によって貯蓄が始まり、戦争が激化したという話でしたが、もっと精緻に見ていくと、争いが激化したのは、農耕のなかでも「集約農業」、つまり貯蓄可能な「穀物」を人間が作るようになってからではないのでしょうか。

山極　そうですね。ぼくもその考えに異論はありません。集約農業で穀物が作られ、大規模産業に従事する労働者でも、戦争に従事する兵士でも食べさせていけるほどの余裕ができたから、戦争も激化したのだと思います。

ただ、そうなると、それ以前の人間にとってのもともとの戦争の火種、人間の争いの原点は、何だったのでしょうか。

ここで話を戻すと、どんなに激しい争いでも、その原因を遡っていけば、面子の問題に行き着くと思うんです。

潰されれば争いになるような面子を、人間はなぜ保たなければいけないのか。どうして個人は自分が属する集団に面子を重んじてもらわなければならないのか。なぜ自分が帰属する集団——家族や共同体のなかの立場を大切にしなければならないか。そして、そんな面子はなぜ家族や共同体の単位にまで及ぶのか……。なぜでしょう。

人間には家族や共同体を自分の生涯の「器」としていくという考えがあります。これも人間の進化のなかで起こった独特のアイデンティティーです。人間はしかも、そこに先祖や血族などの死者も絡めて、さらにアイデンティティーを強めていった。地縁や血縁というしがらみも、そこから生まれる。そしてそこから宗教も出現してくる。さらには、それらすべてが個人の面子に関わり、集団の面子をも構成するようになる。

争いの根本を辿っていくと面子があり、面子が人間の戦いを根深いものにしてしまった大きな原因なのではないかと思います。

モラルと罰則はなぜ生まれたのか

山極　戦争へと向かう人間の内面、という話をもう少し続けさせてください。ぼくは前の章で、人間が人間らしくなったきっかけは「食物の共有」と「共同保育」だったという話をしました。関野さんはそれを「家族」と定義したわけですね。

これらはいずれも、人間同士の関係のなかで、相手に対する信頼感や同情、共感があって成り立つものですが、逆にその関係が深まることが〝人間らしい〟信頼感や同情、共感を高めていった。言い換えれば、相手に対する信頼や共感を少しずつ過剰にしていくことで自分たちの〝人間らしさ〟を高めていった。そしてその結果、人間は自分を自分だけで定義できない社会を作ってしまったともいえます。

人間社会では、他者がいるからこそ自分がいる、という感覚は広く共有されているものだと思います。「他者は自分を映す鏡」という言葉もありますが、人間社会では他者が見ている自分が自分なんです。だから他者の評価が目標になる。他者が褒め称えてくれる英雄を目指すわけです。

そんな方向に進んでしまったがゆえに、人間はネガティブな側面としての攻撃性を増したり、自分の命を落とす危険を冒してまで戦争に参加するようになったのではないでしょうか。

過剰な共感性は、肉食獣などの共通の敵が存在した時代には、人間を平和に生き延びさせる原動力や支えとして機能してきました。しかし、やがて外敵はいなくなる。そうなると、新たな敵を作らなければ自分たちのアイデンティティーを保てない。人間が戦争を始めて、延々と続けている背景には、そんなこともあるのではないかと考えているんですが、関野さんはどうお考えですか？

関野　私も山極さんとほぼ同じ意見です。しかし、あえて希望的なことをいえば、人類はもともと、さっきまでの話のように、戦争を回避する手段としての規範やモラルも持っていたわけですよね。

山極　その「モラル」についてですが、最近、興味深い本を読みました。アメリカの人類学者クリストファー・ボームが二〇一四年に刊行した『モラルの起源――道徳、良心、利他行動はどのように進化したのか』という本です。ボームはその本で、モラルや規範の起源を「羞恥心」に求めているんですね。

羞恥心は人間の生理現象です。狩猟採集民でも都市生活者でも、人間は恥ずかしいと顔を赤らめる性質を持っています。どんな地域のどんな人でもそれは同じで、十九世紀には進化論を唱えた博物学者のチャールズ・ダーウィンも指摘している。しかし、ボームが面白いのはチンパンジーも調べたことで、チンパンジーには羞恥心はなかった。ゴリラにもありません。

関野　なるほど。恥ずかしいと思う感情は、人間ならではのものだということですね。

山極　ぼくもそう思います。そしてその羞恥心は、顔を赤らめるという生理現象として発達しているから、起源が古いこともわかります。ボームは、そんな羞恥心からモラルが生まれて、規範に発達したのではないかと語っているんです。

関野　だとすると、その規範の発生や発達には言葉が必要だったのではないですか。人間は言葉を持っているから、規範を作って社会に周知できた。

山極　ただ、規範にはもうひとつ、罰則がなければ成立しません。ニホンザルの社会では、罰則は強い個体が弱い個体を叩くという形でしか起こらない。優劣の順位を超えてルールを犯した違反者を、強いボスが懲《こ》らしめるという構図です。

関野　規範なら集団の序列に関係なく、ルールを破った者が罰せられなければならないはずです。とすると、ニホンザルの社会に規範は備わっていないと言えますね。

山極　そう言えると思います。おっしゃるように、罰というからには、ルールに則して誰が破っても罰を与えなくてはいけません。サルにはそれがない。サルの社会では、強いボスがいなければ、あるいは強いやつに気づかれさえしなければ、何をやってもいい。序列が存在しているというだけでは、規範を持っているとも罰の文化が確立しているとも言えません。

ところがボームは、それがチンパンジーの社会にはあると語っているんですね。いかに力の強いオスであっても、食物を独占したり、弱い者をいじめたりすると、みんながこぞって懲らしめようとする。弱いメスたちが結束して大きな犬歯を持つオスに立ち向かう。オスがおしっこを垂らして逃げるまで追い詰めていく。それと同じような罰則は、ボームが調べた狩猟採集社会にもあったそうです。多くの狩猟採集社会は死刑に至るような罰則を持っていた。

関野　そこでのチンパンジーと、人間の狩猟採集社会との違いは何なんでしょう。

山極　チンパンジーは、誰もが見ている場でルールを犯すとみんなが怒る。けれど仲間が見ていなければ規範を犯してしまう。あくまで視覚的な世界でのことにすぎません。しかし人間は違います。人間の場合は規範が内面化しています。誰も見ていなくても規範を犯そうとする自分を律する。または誰かが規範を犯した証拠を見つけると、直接目にしていなくても罰するケースがある。ここにボームは、羞恥心から発したモラル、それが発展した規範の構図を見たわけですね。

いずれにしても羞恥心と罰則を伴う規範、これによって人間は、社会の慣習として定められたルールを守ろうとする意志を強く持つようになった――というのがボームの考えです。これは十七世紀の哲学者トマス・ホッブズの『リヴァイアサン』にも通じます。人間は放っておけば欲望がむき出しになって戦争状態になってしまう。安定した状態を保つには、外部からの大きな力、つまり権力やルールが存在しなければいけないというわけです。そしてそのために権力やルールをあえて作り出すのが人間社会なのだ、と。

仲裁者の重要性

山極　ボームは、個人に規範を守らせる力は「井戸端会議」だと述べています。人はふだん、さまざまなウワサ話をする。これはイギリスの進化生物学者のロビン・ダンバーも指摘しています。人間の会話のほとんどはゴシップだ、というわけです。

関野　なるほど。ウワサ話、つまりは言葉によって規範を守るようになるというわけですね。

山極　そうです。ウワサ話を通して、どういう行為が評価されるのか、あるいは批判を受けるのか、社会で確認し合っている。もっと言えば、ウワサ話のなかで社会のルールが共有されて合意されるという考え方ですね。その合意に反すると罰が与えられる。とすると、規範は文字化しなくても、社会のルール、慣習として力を持つ……。というわけで、そこまでなら、ぼくもこのボームの説を理解できるんですよ。ところがボームは、現代の戦争が激化する原因も「規範」に求めようとするんですね。グローバリズムが進んで、さまざまな文化や国家が接触し合い、人々も国境を越えて行き来するようになった。しかし規範は国境を越えない。しかもローカルに作り上げられ膾炙《かいしゃ》してきた規範というのは、それぞれに強いものだから、他者との軋轢《あつれき》も大きなものになっていく、としたうえで、最後にはこんな結論に結びつけていきます。規範が通じないからこそ、大きな抑止力が必要だ。アメリカのような巨大な軍事力を持つ国が力を示さなければならない――と。

ぼくはそれは間違いだと思うんです。

関野　いまの軍事力の話は、前に出たゴリラ社会かサル社会かという例に照らせば、サル社会の「勝ち負けの論理」ですよね。そして実例として十九世紀以降に西欧列強が巨大な軍事力を示した結果が、現代の中東などでの泥沼の戦争に繋がっている。軍事力が抑止力になってのちの世までの平和を約束するなんてことはありえないわけですね。

仮にアメリカのような圧倒的な力を持った存在が影響力を行使すれば、国際社会にサル社会的な優劣の序列が作られるだけです。いや、世界はすでにそんな様相を見せています。これでは、人間も本来そうだという「負けない論理」のゴリラ社会的な世界は作れませんね。どうすればいいんでしょうね。

山極　ゴリラ社会でもそうですが、互いの面子を立てるうえで重要なのは当事者同士ではなく、仲裁者なんです。しかし関野さんがおっしゃるように、アメリカのような強い国が仲裁者になって対立する二カ国を押さえつける形だと面子は立たない。

関野　そうですね。逆に不満が募って激しい反発が起こるのは容易に想像できます。

山極　アメリカ的なやり方でイスラエルとアラブに「次、戦争したらオレが出ていくからな」と脅しても仲裁にならない。お互いの面子が立ちませんから。一度は矛を収めるだろうけど、アメリカに負けたとしか思わないから別の火種が生まれるだけです。

関野　ゴリラ社会では、オス同士が睨み合っても、メスや子どもが仲裁役になるケースもあるとおっしゃっていましたね。仲裁者は力を示すのではなく、間を取り持つことが重要なのではないかと感じます。

山極　そのとおりです。仲裁者は両者よりも弱い存在でなくてはならない。「まあ、ここは平和に収めましょう」と提案して両者が納得し、そこで初めて面子が立って仲裁が成功する。

ちょっと唐突かもしれませんが、この図式をわかりやすく示す典型が、じつは日本の相撲なんです。大きな力を持った二人の力士がぶつかり合う。その勝敗を力士よりも小さくて非力な行司が仕切る。力でルールを守らせるのではなく、内面化した規範を守らせる。人間にとって、美しい戦いの収め方に見えます。ただ、相撲はスポーツであり、神事です。土俵の大きさも決まっていてルールもある。けれど実際の戦いはそうはいかない。

戦争で行司の役割を務める弱い仲裁者は、争う両者にルールや規範を徹底させなければなりません。戦いの当事国でも周囲の国でもすべての人が、ルールや規範を守ることが面子を立てることに繋がるという認識を持たなければなりません。「勝ち負けの社会」から「負けない社会」へ移行するには、それが何よりも重要なんです。その

ために は仲裁者が、「勝ちたい」という両者の欲望よりも「負けたくない」という気持ちを汲み取る。それが最も平和的な共存の方法だと思います。

日本の宗教と一神教

関野　「勝ち負けの社会」から「負けない社会」へというお話には、霊長類の世界を知り抜いて人類進化の姿を導き出し、人間とはもともとどういう生き物かということを考えている山極さんならではの、人間を知るがゆえの信頼や希望が感じられます。しかし残念ながら、現実社会は勝敗をはっきりさせて勝者が敗者を支配するという形になってしまっている。これを転換させるのにヒントになるようなことは、ほかにありませんか。

山極　さっきは相撲の話を出しましたが、かつての日本は、勝ち負けの論理でなく、互いの面子を立て合う文化を持っていました。それは日本の神社のあり方でわかります。

日本の神社は多くが鎮魂か魂振《たまふ》りの施設です。つまり負けた者からの祟《たた》りを恐れたから、その魂を弔う神社を建立した。勝利に対する後ろめたい気持ちをずっと抱え続けるのが日本の文化なんですね。

ところがキリスト教はそうではない。「砂漠の宗教」といわれるキリスト教をはじめ、ユダヤ教、イスラム教の一神教は、ずっと勝ち続けなければならない、もしも負けたら復讐しなければならないという精神で貫かれています。

関野 そういう精神風土は日本にはありませんね。

山極 ぼくはそんな砂漠の宗教に対して、さまざまな神や仏の存在を認める日本の神道や仏教を「森の宗教」と呼ぶのはよくわかる気がするんですよ。そして「森の宗教」が生まれるのは、人間にとってはむしろ自然な精神作用でもあるんじゃないかと受け止めているんです。

人間はもともと森で、類人猿と同じ祖先から生まれた。つまり人間の魂、精神的な原点は森にある。そしてそこから共存、共生が生まれるんだ、と。

関野 たしかに砂漠の過酷な自然環境は共存、共生を許さない。それは宗教や精神風土だけの問題ではありません。砂漠は、熱帯雨林ほど生物の数も種類も多様ではありませんしね。

山極 砂漠が共存、共生を許さないのは平面だからですね。木々が茂る森のように空間的な棲み分けができない。森は、上中下という空間的な層で、あるいは夜と昼という時間でがらりと活動する動物が交代する。ニッチが入り組んでいて自分以外の暮らしをする動物は無限にいる。しかも相手の姿は見えない。誰と共存しているのかすらわからないまま暮らしている。そんな環境で長らく霊長類は進化してきたわけです。

人間の精神風土は砂漠ではなく、森にある――。それがぼくがそう確信する根拠です。人間は共存を意識せずに許してしまう精神風土を持っている。何かトラブルが起きても相手をとことんまで屈服させることはできない。なぜなら、森では相手は見えないところに隠れてしまいますから。そこで折り合いをつける必要が出てくる。両者の論理で納得し合って、了解し合わなければならない。森ではそうやって見えない相手とも共存してきたのではないかと思います。

関野　つまり、森では「勝ち負け」は関係ないという話ですね。一方、砂漠には隠れる場所がなく、相手が見えるから、徹底的に叩き潰すか、視界から消えるほどの距離に追い払うしかない。砂漠で生きるには明確な勝ち負けが必要になる。

山極　象徴的なのがニホンザルです。彼らは一見すると勝ち負けの論理で動いている。けれど、それはわれわれが地上で過ごしている様子や関係性を観察しているからです。三次元の樹上なら小柄なほうが有利になる。身軽に木々を飛び回れるし、枝先にも行ける。体格がいいサルは行動が制限されるから逆に不利になる。地上での強弱が樹上では逆転する可能性が出てくる。地上だけでなく、森を立体的に利用することで、強い個体と弱い個体のニホンザルも共存していた。

しかしニホンザルが餌付けされて地上のエサ場に集められ、三次元空間を利用できなくなって地上で暮らし始めた瞬間に支配、被支配という関係が顕著に見えるようになったとぼくは思っているんです。

森のなかの棲み分け

関野　コロンビアの森を訪れたとき、私もサルの共存を目の当たりにしました。その森には七種類のサルがいましたが、原生林の一番高い場所にクモザルとウーリーモンキーがいて、ヤシの実やフルーツを食べている。その少し下にいるホエザルは葉っぱしか食べないから競争相手がいない。ホエザルと同じ高さにはフサオマキザルもいるけど、工夫してほかのサルが食べないエサを食べるからこれも競争にならない。
その森にはクモザルやウーリーモンキーの好物であるヤシの実がなっています。でも柔らかいのは若いうちだけで、成熟すると堅くなってしまう。そうなるとクモザル、ウーリーモンキーは堅くて歯が立たないから諦めてしまう。フサオマキザルが知恵を絞るのはそれからです。

アマゾンに群生する竹は日本産とは違ってまっすぐ伸びません。フサオマキザルは残された堅いヤシの実を台状になった竹に叩きつけてかち割ってから食べる。また枯れた竹のなかには水が溜まります。その水溜りにカエルが入っていることがある。フサオマキザルは枯れ竹をトントンと叩いて回る。カエルがいるとバシャッと跳ねる。その音を聞いてから竹をこじ開けて、カエルを捕って食べている。

さらにもう一種類。中型のサルが活動している昼間は、隠れていて日が暮れてから行動を始める夜行性のヨザルがいる。こんなふうに五種類のサルが空間と食べ物、活動時間の違いで棲み分けていました。

あとは山火事などで燃えてから再生した二次林に暮らすティティとリスザル。この二種は一緒に群れを作るくらい仲がよい。彼らは強いサルがいる原生林には絶対に入らない。

七種類のサルは誰も勝たないけど、負けない。まさに山極さんが言う「負けない論理」なんです。コロンビアの森を案内してくれた霊長類学者の伊沢紘生《こうせい》さんは、七種のサルの共存を「負けない論理」という言葉の代わりに「競争の裏側の論理」と呼んでいました。

山極　今西さんの言葉で言えば「棲み分け」ですね。この「棲み分け」という言葉は有名ですが、誤解されています。何かが空間的に分かれているような印象を受ける。とくに人間社会では「会社の棲み分け」などという形で使われています。

もともと今西さんはヒラタカゲロウを観察しているときに、初めて「棲み分け」という言葉を使いました。現在は空間で棲み分けているという話になってしまっているけれど、今西さんが言いたかった「棲み分け」の意味はもっと広かった。水流や空間、時間、食性……さまざまな部分で少しずつ分け合って競争しないようにしているという意味なんです。だから伊沢さんの言っていることは非常に近いと思います。

関野　伊沢さんは、野生のニホンザルの群れにはボスがいると信じている人が多いけれど、それは間違いでボスはいないと主張しています。野生のニホンザルの社会にボスがいないという考えはどうですか。

山極　伊沢さんは下北半島と宮城県の金華山、そして北陸の白山のニホンザルを追っていました。つまり雪の上のサルをずっと調べていました。

けれどもぼくのように屋久島やモンキーパークの餌付けされたサルを調査すると、ボスのようにトップに座っているように見えるオスは確実にいるわけですよ。伊沢さんは地域や環境状況によって群れのあり方は変わっていくという現実を示唆しているのではないでしょうか。

関野　なるほど。伊沢さんはコロンビアの森で野生のサルを調査していますが、研究所にエサ場を作って毎朝バナナなどのエサを与えています。そこではたしかに、エサを取る順番に規則性がありましたね。サルはこれだけ多様な進化を遂げ、森林のなかで住処やエサを奪い合わずに生き残る術を身につけてきたわけですから、環境とともに社会や生き方が変わってもおかしくないですね。

山極　コロンビアの七種のサルもそうですが、環境とともにエサや生活を変えながら棲み分けをして生き延びてきたわけです。ただ、その棲み分けは、いわば同種あるいは近縁種の共存です。ここではもうひとつ、「別種との共存」ということを考える必要があります。

コロンビアのような熱帯雨林では、生物多様性が高いから、違う種との共存がありますよね。とくに植物と動物は互いに影響し合って進化してきました。

まず、古い時代の熱帯雨林の植物を辿っていくと、原始的な裸子《らし》植物が多かった。熱帯雨林には花や実をつけないシダ類が生い茂っていました。やがて一億二千万年前ぐらいになると、熱帯高地に花や実をつける被子《ひし》植物が現れて、どんどん広がっていった。これは被子植物が別種との共存を果たせたからこそ、分布域を広げていったわけですね。被子植物は、送受粉を昆虫に、種子散布を鳥に託して子孫を広く残すことに成功し、繁栄しました。

関野 植物は動けないから、子孫を増やすために別種である鳥や昆虫の力を借りたわけですね。それも共存の形です。

山極 スギを見ればわかるように、裸子植物の場合は花粉を風で飛ばしていた。でもそれでは受粉するには大量の花粉が必要になるから非効率だった。けれど送受粉を昆虫に託せば、わずかな花粉で十分に受粉できる。種子散布を鳥に託せば、かなりの距離を運んでくれる。それを始めたから被子植物は現在のように大繁栄を遂げる。逆に裸子植物は北方で細々と棲息するしかなくなった。

動物の場合は、熱帯雨林にまず入ってきたのは、恐竜の子孫である鳥でした。さらに時代が流れて、コウモリやサルなどの哺乳類が入ってきた。当初はコウモリもサルも夜行性だった。それは木の実を食べる鳥の食卓に侵入するのを避けたためだと考えられています。けれど、サルは身体を徐々に大きくして昼の世界に参入していった。コウモリはいまだに夜の世界にとどまっていますが、彼らは一千種に及ぶ多様性を獲得し、全世界に分布していますからサルたちより成功したと言えます。

やがて植物は、棲息する動物たちに合わせて果実などの形態を変えていきます。その代表がモンキーフルーツです。鳥が飲み込めないほどの大きさで、サルが好んで食べる果物です。ただ、サルには鳥とは違って手と歯がありますから、果物をもぎ取って美味しい果肉だけかじって種子を捨てられたら、植物は棲息分布域を広げることはできません。そこでサルが飲み込みやすい種子、あるいは果肉が剝がれにくい種子を作り出した。

サルは日の当たる場所で糞をする性質を持っています。被子植物は昆虫と鳥のあとは、サルの力によって分布域を広げるという戦略を取ったわけですね。熱帯や亜熱帯における被子植物の進化と繁栄は、サル抜きには語れません。

関野　同時に、植物の進化のおかげで鳥もサルも生きることができた。それと、植物の戦略という点では、もともと果実は鳥に食べてほしいから、あんなに派手な色になったわけですよね。

山極　そう。当初、果物の色は鳥に向けて出す信号の役割を果たしていましたからね。

関野　サル以前から森にいた鳥は、フクロウなどの例外を除くと、派手な木の実の色を見分けられる能力がある。でも夜は何も見えなくなるから活動をしません。一方、サルの目はもともと色を見分けられなかったのに、熱帯雨林の環境に適応して進化するうちに、鳥の目と同じになった。夜は目が見えない代わりに派手な色を見分ける力を身につけた。

山極　そうです。もともと二色しか見えなかったサルは、あるとき突然変異を起こして三色が見えるようになり、多彩な色を識別できるようになった。

関野　色の識別ということでは、たとえば闘牛士が赤い布をひらひらさせると牛が興奮して突進すると思われていますが、牛は赤い色を識別できないんですよね。赤い布がはためくのを見て興奮するのは色を識別できる観客、つまり人間であって、闘牛はその歓声で興奮するにすぎない。

サルもそんな人間と同じように、色を識別できるようになったからこそ、果実の信号をキャッチできるようになったわけですね。さらに、木から木へ飛び移るために森を立体的に見分ける必要が出てきたから、目が顔の正面にきた。

ただ、そうした進化では、生物が何かを獲得すると何かを失うというのも興味深いですね。ほかの哺乳類は網膜には光を感じる棒細胞しかないのに、サルは色を識別する円錐細胞を手に入れた。おかげで色を感じるようにはなったけれど、光を感じる細胞が減ったので、鳥と同じように夜の景色が見えなくなってしまった。また目が顔の前にきて立体視ができるようにはなったけれど、視野が狭くなり、後方が見えなくなった。

それぞれに流れる時間

関野　いま、動物は動物だけで、植物は植物だけで進化したのではなく、互いに影響し合って進化してきたという話をしましたが、それも共存の結果だったわけですよね。ただ、私には不思議に思えることがあって山極さんにお聞きしたいんですが、植物の寿命は非常に長いけれど、サルは短いですよね。それなのに互いに影響し合って進化してきた。このあたりはどう関係しているんですか？

山極　そこが面白いところなんですよ。サルはせいぜい五年から十年で世代交代します。ところが植物は何十年、あるいは何百年も生きる。当然、進化の速度は明らかに違うはずです。それが一緒に進化しているのはどういうわけなのか……。じつは、その理由やメカニズムはまだ明らかになっていないんです。

ですから、その質問には直接には答えられないのですが、関連して重要なのは、生物たちが互いに異なる時間を重ね合わせながら生きていることだと思うんですね。たとえば、カゲロウは一日で死に絶えてしまいますが、絶滅はせずに、ほかの寿命の長い動物とも共存しています。カゲロウと人間やほかの動物、それに植物では、それぞれ生きている時間は大きく違う。違うのだけれど、どこかで共存して、時間を重ね合わせて生きている。

この話は、観念的でわかりにくいと感じる人がいるかもしれません。それは、人間が人間的な時間感覚でしか生きることができなくなって、ほかの動植物に合わせることを忘れてしまったからかもしれません。しかし、たとえば人間が狩猟採集で生きていた時代はそうではなかった。

関野　わかります。狩猟採集の社会では、植物や動物の時間に合わせなければ生きていけない。たとえば、いつ果物が成熟するのか、動物の活動時間帯はいつなのか、どの時期に出産するのか……。何年かに一度しか実らない植物もあれば、一年に何度も実をつける種類もある。自然のなかに流れる多様な生き物の時間を知悉《ちしつ》していないと、森のなかでは生き延びることはできませんから。

山極　まさにそのとおりで、人間は狩猟や採集の場面だけではなく、食事や祭りもその動物の時間に合わせていたと思うんです。とするなら、人間の時間の感覚や概念は本来、かなり多様だったはずですよね。でも、いまや太陽暦などを採用したこともあって、一律に時間が流れてしまっている。

関野　私はさまざまな場所を旅してみて、時間を計るのにもっと適しているのは太陽ではなく、月だと実感しています。けれど学生に「今日の月の大きさ知っている人いる？」と聞くと、誰も知らない。じつはそういう私も日本ではほとんど月を見ることはありません。いまの日本では、海の漁師たちのような職業は別にして、暮らしのなかで月を見る必要がないからです。都市にいる限りは月はまったく意識しなくても生きていける。

でも、アマゾンやアンデスに行くと、月があるか、新月か満月かで夜の明るさがまったく違う。山極さんも経験してらっしゃるでしょうけど、満月なら旅ができるし、本も読める。新月で星がなければ、三〇センチ先も見えない漆黒の闇です。

山極　漆黒の闇の経験はぼくにもあります。森のなかは空が見えないから、夜になると自分の手も見えないほど真っ暗になる。ゴリラを追った夜は、そんな漆黒の闇のなかをアフリカの男たちと歩いて帰るわけです。彼らも何も見えていないはずだけど、歩いていく。あとで聞いてみると、足の裏の感覚を手がかりに道を見つけているというんです。

われわれは昼間、視覚を頼りに歩いているんだけど、彼らは五感すべてを総動員して生きている。もちろん靴なんか履いていたらわからない。触覚という感覚を使うことも身につけているんだなと思いました。

関野　すべての動物は、持っている感覚を総動員することで自然環境に適応して進化してきたわけですよね。だったら人間も同じのはずです。しかし、多くの人間は都市生活で無感覚に生きてきたせいか、もともと備わっていた感覚も失いつつあると感じます。医者の場合でも、かつては五感で大方の診察をしていたのが、できなくなっている。

争いを激化させない知恵や共存の知恵を含めて、いま、われわれ人間から何が失われようとしているのか、考えなくてはなりませんね。

第四章　平等の意識は人間だけのものか

人が食べ物を分けるわけ

関野　人間から失われてはならない大事なもの、人間を人間たらしめている原点ともいうべきものには、山極さんの言う「共感力」と同時に、そこから生まれる「平等意識」もあるんじゃないかと思うんですね。

私は、アマゾン原住民のヤノマミやマチゲンガの村で過ごすたび、彼らの間に自然に備わっている平等意識を実感するんです。というのは、アマゾンに行くと、私はいつまで経っても役立たずの居候です。食べ物も自分では調達できないから、村の人たちが食べている食物を分けてもらう。彼らは嫌がるそぶりを見せずに役立たずの私にも食べ物をくれる。自分も空腹かもしれないし、もっと食べたいかもしれないのに、当然のようによそ者にも食べ物を分けるんですね。私はそこに、人類が育んできた平等の意識を感じるんです。

霊長類ではチンパンジーも肉食をしますよね。狩りをして、アカコロブスなどの弱いサルやムササビなどを捕って食べるといいますが、その肉はその場で食べる。そしてそこへメスや子どもがやってきてしつこくねだるときだけ仕方なく与えるそうですね。

では、初期の人類はどうだったかというと、人類の祖先は、その場では食べずに、わざわざ仲間がいる場所に持ち帰ってから分け合って食べた。その場で食べているチンパンジーたちの目には、「あいつら、バカじゃないか。ここで食べればここにいる人間だけで独り占めできるのに、なんでわざわざほかの仲間のところにまで持っていくんだろう」と不思議な光景に映ったんじゃないでしょうか（笑）。

山極　そのチンパンジーの疑問（笑）に答えるには、まず初期の人類が食料を仲間のもとに持ち帰らなければならなかった「理由」を想像する必要がありますね。

ゴリラもチンパンジーもそうですが、森林にいればエサが豊富にあるから飢えることはありえなかった。当然、仲間のもとに持っていく必要もなかったわけです。ところが、人類はその森林を出てしまった。なぜ人類の祖先が豊かな森林から外の草原に出たのか。そこは重要なテーマだから、あとで話し合いましょう。ここでのポイントは、草原は森林に比べて食物が限られていたということだと思います。その限られた食物を、強い個体だけが独り占めしていたら種として存続できません。だから分け合って食べ始めた。いや、分け合って食べざるをえなかったと表現したほうが正確かもしれませんね。

関野　しかし、それも仲間のなかに序列があったらうまくいきませんよね。誰かがエサを持ち帰ったとしても、強い連中が「オレたち三人で食うからおまえらは手を出すな」と言ったら、ほかの仲間はその集団から離れるか、争いになるか、あるいはそもそも持ち帰らずにその場で食べるか……。結局、その集団はうまくいかなかったはずですね。

かといって初期人類の集団に博愛精神を持つ指導者がいて「みんなで分けよう」「われわれは平等だから」と説いたわけでもない。あるいはその人が、気前がいいとか、いい人だからとか、そんな理由では間違いなくなかったと思います。

山極　ぼくも同じ考えです。相手の嬉しい顔を見たいという感情や、強い者が弱い者に施す博愛、あるいは名誉欲なども、もっとあとになって出てきた感情だと思います。

当初、人類はいきなり草原で暮らし始めたわけではなく、長いこと森林と草原を行ったり来たりしていたはずです。やがて森林ではゴリラやチンパンジーの祖先の力が増して人類の居場所がなくなり、草原で暮らさざるをえなくなった。草原は外敵の肉食獣が多いから危険が多い。だから限られた安全な場所に多くの人が集まるようになる。そこまで食物を運んで分けなくてはならなくなった。

関野　その人の集まり――集団ですが、外敵から身を守るだけじゃなく、近親婚を防いで種を維持するためにも、ある程度の規模の集団が必要だったはずですよね。そんな状況だと、それぞれの食物を平等に分配しなければうまくやっていけない。そんな合理的な理由で肉を分け合ったのではないでしょうか。その繰り返しで歳月を重ねていくなかで、平等という意識が生まれて、一種の規範となっていった――。私にはそう思えるのですが、どうでしょうか。

それと、もうひとつ。もしそうならば、初期人類には「所有の意識」はなかったのか、といえば、私はあったのではないかと考えているんですね。

アマゾンやエチオピア南部に暮らす狩猟採集民は、いまでも貯蓄というものをせずに平等社会を維持しています。さっき言ったヤノマミもそうです。ところが、その平等社会のはずのヤノマミが、野生のヤシの木を指して「あれはオレのものだ」と主張するんです。そしてそれを周囲も認めている。最初にヤシの木を見つけて、利用した者が所有権を主張できます。ただ、われわれと違うのは、土地などのように自分の力でコントロールできないものを所有物だとは主張しないことでしょうか。

植えたのではない野生の木に所有者がいる。その所有者はしかし、木の実を独占するわけでもなく、貯め込むわけでもなく、採ってくれれば仲間に分ける……。所有者が利用しなくなったときはほかの者に簡単に譲ってしまいます。そんなふうに、自分の持つものをすぐ人に分け与えるのも彼らの特徴です。食物以外でも、たとえばナイフを三本持っている人は持っていない人にすぐにあげてしまう。

このあたりの価値観は、私たちとは違うから難しいのですが、所有はしても、それは独占や貯蓄には繋がらないし、所有物でも、物とは本来、必要な人に渡っていくのが当たり前だ、と捉えている節がある。私は、彼らが物を所有する意識をそんなふうではないかと見ていて、だからこそ平等意識とも矛盾しないと考えているんですが。

エサは誰のものか

山極　初期人類の、物を所有する意識ですか……。それは分配という行為とも絡めて非常に興味深いテーマですね。とくに食物の所有と分配ということで、ほかの霊長類とも比較しながら見ていくと、いろんなことが言えそうです。

ちょっと人間の話からは離れますが、食物が誰のものかは、霊長類でも種ごとに多様なルールがあるんですね。たとえばニホンザルは、基本的に「先行所有者優先の原則」という特定のルールに則って行動します。

わかりやすく言えば、地面にあるエサは誰のものかという問題がある。ニホンザルの場合、弱いサルは自分がそのエサを取る権利があるかどうか、強いサルの機嫌をうかがいながら探ります。その状態ではまだ誰のものでもありません。でも、いったん手にすると、集団の序列に関係なく、そのサルのものになる。どれだけ優位だとしても劣位だとしても関係ありません。取るまでが勝負、あるいはエサのある場所を占有するまでが勝負。それが「先行所有者優先の原則」というルールなんです。一度取ったら、それは取ったサルの権利が優先されますから、ニホンザルの社会では食物の分配は起こりません。

関野　モンキーパークのように人が餌付けしている場合はどうなりますか。自然界と違って、エサはバランスよく行き渡るように与えているでしょうから「先行所有者優位の原則」は意味をなさないんじゃないですか。

山極　鋭い指摘ですね。おっしゃるように、モンキーパークなどでは撒かれたエサを強いサルが優先的に取っていく。その様子は人間の目から見るととても目立ちますが、これはケンカや争いを起こさないためのサル社会のルールなんです。とはいえ、餌付けは自然界ではありえない状況ですから、サルたちはそれ以外にも新たな事態に対処しなければならない。

嵐山モンキーパークでは、客がむやみにエサを与えるとトラブルが起きるので、客の休憩小屋の窓に金網を張って室内から外のサルにエサをやれるようにしています。こうすれば、サルの行動を知らない客でも争いに巻き込まれる心配はありません。

この場合、序列が優位なサルがエサを手にできるとは限らない。かわいらしい子ザルにエサを与えようとする客が多いんです。子ザルもそれをわかっているから、金網に群がって客に手を伸ばす。それを優位なオスザルが追い散らすのですが、とてもじゃないけどすべての子ザルを追い払うことはできません。それに子ザルはエサをもらってさっと逃げてしまうから、強いオスザルもどうすることもできない。ここまでなら「先行所有者優先の原則」でした。

しかし、あるとき観察している学生が奇妙な行動に気づいたんですね。食物を頰張る子ザルの口に手をねじ入れているサルがいるというんです。やがてそれは、食べているエサを引っ張り出しているということがわかった。ニホンザルは口のなかに頰袋という食物を一時的に蓄えられる袋を持っています。そこに子ザルが貯め込んだ食物が奪われていたわけです。こともあろうに、下手人はその母親でした。

関野　なぜそんなことが起きたんですか？

山極　客の好みによってエサを与えられる個体が決まるという事態は、ニホンザルの社会にとっては初めてのことで、優劣順位のルールでも解決できない出来事だったからです。優位なサルはエサが得られそうな場所から劣位のサルを追い出すことはできるけれど、エサを与える側の人間はその隙を突いてでも劣位の子ザルにエサをやる。そうした新たな事態に対処すべく登場したのが、この「強奪」という新しい手法だったわけですね。

ゴリラが見つめ合うわけ

関野　ニホンザル以外のほかの霊長類はどうでしょう。

山極　ゴリラが食事しているところを観察していて奇妙に感じたのは、ゴリラたちが一緒に食物を食べることでした。ニホンザルだと、弱いサルは強いサルの前では食物に手を出さないので、複数で対面して食べるということはありません。

ただ、餌付けされているサルたちは一カ所に撒かれたエサに一斉に群がり、身体をくっつけ合って食べます。その場合、サルたちはなるべく近くのサルの目を見ないようにする。

関野　サルは人間と目が合うと襲ってきますよね。やはりサル同士もケンカになるんですか？

山極　ニホンザルの社会では注視は威嚇になります。優位のサルと目が合うと攻撃される危険性があるので目を合わせないようにする。人間社会でいう「ガンをつける」ことを恐れているわけです。だから互いに背中を向け合っている場合が多い。

ところがゴリラは顔を向け合って、視線を交わしながら食事をしていました。しかし、ゴリラでも食物は諍いの原因になりますし、力の強いゴリラが食物を独り占めすることも起きます。樹皮などのエサが取れる場所で食事している弱いゴリラをどかせて、強いゴリラが食物を独占するようなこともある。ただ、いきなり力ずくでどかすわけではありません。

ゴリラは相手から二、三メートルの位置でいったん立ち止まってじっと相手の顔を見る。それでも相手がどかなければ、口を尖らせて「コホッ、コホッ」と咳のような声を出す。そうやって相手がどくように促す。

関野　なんだかとても紳士的で礼儀正しいですね。

山極　そうでしょう（笑）。

関野　映画やテレビの映像などでは、よくゴリラが顔を近づけて見つめ合っているシーンを見ますが、何か意味があるんですか？

山極　ひとつは仲直りのケースです。ゴリラの仲直りは対面してじっと顔を突き合わせます。ケンカのあと、約三分の一の割合でこうした行動が見られました。これはチンパンジーの仲直りの方法とも似ています。ただし、チンパンジーが抱き合ったり、毛づくろいしたりするのに対して、ゴリラの仲直りには身体の接触は起こりません。

ゴリラの食事に話を戻すと、観察を続けるうちに、とても面白いことに気づきました。身体の大きなゴリラが近づいても、小さなゴリラが場所を譲らないケースがあったんですね。相手がどかないと、大きなゴリラはさらに近づいて顔を覗き込みます。そこまでやると、たいていは「グーム」とうなり声を上げてしぶしぶ場所を空けますが、それでも知らんふりをして食物を食べ続けるゴリラもいる。最後には手で押されてその場所から立ち去るケースもあります。それでも、すぐ近くで手に持った食物を食べ続けるから、あとからやってきたゴリラと対面しながら食事する風景が見られるわけです。

さらに驚いたのは、ゴリラ社会ではニホンザルと正反対の現象が起きていたことです。身体の小さい弱いゴリラが、強いゴリラに近づいて場所をどくように要求することがあったんです。

関野　もしもニホンザル社会で弱いサルがそんなことをしたら、強い個体に攻撃されて大変なことになるんでしょうね。

山極　そうなんです。これは、ぼくが長期にわたって追跡していたマウンテンゴリラのオス集団での出来事ですが、「ピーナッツ」と名づけた身体の大きなシルバーバック（成熟したオスは背中が白くなるのでこう呼ばれる）のオスが、ハゲニアという木の前に陣取って樹皮を剝がして食べていました。そこにやってきた若いオスが、三メートルほど離れた場所に立ち止まってピーナッツをじっと見ていました。

ピーナッツはハゲニアを食べるのに夢中で若いオスには見向きもしない。すると若いオスがピーナッツに触れんばかりの距離に近づき、顔とピーナッツが手に持ったハゲニアを覗き込みました。それでもピーナッツは無視を決め込んでいましたが、若いオスも顔を覗き込んだり、ハゲニアの樹皮を見たりと諦めない。やがてピーナッツが根負けしたのか、二メートルほど離れた場所に移動しました。すかさず若いオスはピーナッツがいた場所に座り込み、ハゲニアを食べ始めた。

関野　ハゲニアはそこにしかなかったんですか？

山極　いえ、ハゲニアの木は近くにいくらでもありました。

関野　じゃあ、なぜ若いオスは場所を空けるように迫ったんでしょう？

山極　それはぼくも不思議でした。木の反対側に回って食べてもいいわけですからね。

それとは逆に、今度はシルバーバックが若いオスに近づいて顔を覗き込んだとき、若いオスが最後まで場所を明け渡さないというパターンも目の当たりにしました。そのときは、シルバーバックはその場を離れてから胸をポコポコ叩いて不満を示していましたが、そんな現場を目の当たりにしたときは、ゴリラの社会で採食場所の占有権はどうなっているのか、ぼくはわけがわからなくなってしまいました。

関野　いまの話をそのまま解釈すれば、この場合、弱いオスが優位だということになってしまいますね。

山極　その関係性だけ見たらそうなります。ただ、観察を続けてみると、弱いゴリラが近づく場合は、優位なゴリラが近づくときに比べて相手を見つめる時間が長いことがわかりました。もちろん相手がどかない場合もありますよ。しかし、強いゴリラが覗き込むよりも、弱いゴリラが時間をかけて覗き込んだほうが相手をどかせる率が高いこともわかってきた。そして、多くの場合は、場所を譲ったゴリラも、その場で相手のゴリラやほかのゴリラと視線を交わしながら食事を取り続けるわけです。ニホンザルではこんなことは決して起きません。場所をどけと要求するのは強いサルで、弱いサルがどくしかありませんから。

関野　ゴリラもある意味で〝共食〟しているわけですね。なぜそうするのでしょうか。

山極　まさにそこなんです。ゴリラにとっては、仲間の近くで同じ物を食べるという行為が、食欲を満たす以上の意味を持っているからではないか、とぼくは考えています。そこに見られるのは、同調と共存への願望です。近くにいることを許すだけでなく、互いに競合する食物を前にしながら、共存しようとする力が働いている。相手を見つめたり、顔を覗き込んだりする行為は、その了解を相手と確認し合う作業なんじゃないでしょうか。

ゴリラは、食物を前にして仲間との間に葛藤が生じたときでも、ニホンザルのように勝ち負けや優劣の関係に応じて食物を独り占めするのではなく、許容と共存の担保として利用しているわけですね。

分配の発生

関野　ゴリラがそうした〝共食〟をするのに対して、チンパンジーには食物を〝分配〟する行動があるとされていますね。その分配に、作法や法則はあるんでしょうか。その前に、そもそもなぜチンパンジーは分配するようになったのでしょう。

山極　チンパンジーがエサを分配するのは、主に強いオスの場合です。結論から言えば、オスの間の政治や、メスへの求愛の道具として食物が用いられている可能性がある。チンパンジー以外には、ボノボにも食物を相手に譲る行動が見られますが、ボノボがサトウキビや果物など糖分を含んだ植物を分配するのに対して、チンパンジーの場合は肉が主となります。チンパンジーのメスが自分の子どもに植物性の食物を与えることはありますが、肉は滅多に与えません。チンパンジーでは、狩りをするのはオスで、肉を分配するのもオスのほうなんですね。

その肉の分配には、二つの段階があります。チンパンジーの狩りでは、霊長類のアカコロブスや、体重が数キロほどになるウシ科のダイカーなどを獲物としますが、狩りが成功すると、まず獲物を持っているオスに、ほかのチンパンジーが殺到して肉を引きちぎろうとします。みんなたくさんの肉が欲しいから大騒ぎになる。獲物が引き裂かれて、何頭かのチンパンジーが肉を持つと、次の段階に入るわけです。

第二段階では、最初の分配で肉を取った所有者に、持っていない者が分配をせがむ。分配を求めるチンパンジーは騒がしくはないけれど、みんなしつこくて、なかなか所有者から離れようとしません。

そのころには所有者はすでに肉を食べ始めています。肉を求めるチンパンジーは所有者と肉を交互に見つめたり、所有者の口元に手をやったりして、肉にありつこうとする。所有者は無視して食べ続けます。やがて所有者は渋々という感じで、ほかのチンパンジーに分け与えるためにときどき切れ端を落とす。こうして自分の所有する肉を仲間が食べるのを認めます。

関野　チンパンジーは、強い者が自分の食欲を抑制して分配するというわけですね。

山極　ただし仲間の食欲まで考える人間とは違って、持っていない者が要求しない限り、分配は起こらない。しかも、肉の部位でも価値の低いほうを分けるんです。

関野　なんだか、ケチな了見ですねえ（笑）。

山極　そう、ケチなんですよ（笑）。

関野　しかし、ケチなのに一応は仲間にエサを与える。そこがとても重要な気がしますね。

山極　チンパンジーやゴリラの社会では、ニホンザル社会とは違って、いったんエサを手にしたとしても、まだその個体の占有物ではないんです。だから、ほかのゴリラやチンパンジーは、それを分けてくれと要求できるわけです。

関野　そうすると、人間社会のルールはやはり、サルよりもゴリラやチンパンジーに近いですね。

山極　人間の場合は、それがもっと進んでいます。人間は自分から相手に与えることもありますからね。それと、いったん持っても、まだその人の所有物ではないとするなら、それが誰のものか、あるいはみんなの共有物なのか、一定のルールが必要になってくる。人間はそうしたルールも作ってきました。

関野　そのルールですが、チンパンジーの社会でもエサを分配するし、ゴリラは食料が取れる場所を仲間に明け渡すというお話です。だとすれば、そこには人間が持つ「平等を求める意識」と共通する部分はないんでしょうか。ゴリラもチンパンジーも、多少ケチではあっても、根底にはそうしたものがあるように思えるんですが。

というのも、アマゾン先住民のヤノマミは平等社会で、ケチな人はいません。裏を返せば、ケチだと村の人とうまくやっていけない。同時に人間には、危険を覚悟で川で溺れた子どもを救う共感力やモラルがある。人間は山極さんの言う「共感力」を根底に持っているからこそ、食物でも何でも平等に分けようとするんじゃないか、と私には見えるんですね。その共感力の原点のようなものが、チンパンジーの分配の動機にはあるのかないのか。平等意識と絡めて、そこが非常に気になります。

山極　その疑問はよくわかります。そして結論から先に言えば、じつは不公平感を是正したいという気持ちは、サルの段階からあるんです。

ただ、それを言う前に、ここでは関野さんとぼくの立場の違いから説明しなければならないかもしれませんね。関野さんは、現実の人間社会から「平等」の成り立ちを考えているんだと思います。一方のぼくは、ゴリラやチンパンジーの社会から「人間らしさ」が、いかに立ち上がってきたのかを見つけ出そうとしている。

そのぼくの立場から考えると、まず、ゴリラやチンパンジーの世界では、もともと食物を分ける必要はないんです。食物はどこにでもふんだんにあるわけだから、飢えることは決してない。また、川で子どもが溺れていたらどうするか、という点についても、サルは、助けようとはしないんです。もちろん母親だけは助けようとしますが、ほかの個体が助けることはまずありません。大人のサルには子どもが未熟で泳ぐ能力を持たないことがわからない。ゴリラやチンパンジーには子どもが大人の能力を持たないことがわかるので、助けようとしますが、やはり自分の近親個体に限られる。近親者以外にも広く共感を向けるのは人間だけでしょう。

ただし、「平等」の意識はサルの段階からある。二頭のオマキザルの一方に甘いブドウを、もう一方にまずいニンジンを与えると、仲間がブドウをもらっているのを見たオマキザルは、ニンジンを差し出されても怒って受け取ろうとはしません。自分もブドウを食べることができるはずだと思うわけです。これは平等意識の表れであって、自分が不公平に扱われていることに対して憤慨が生じる。

人間の場合は、たとえば子どもが数人で遊んでいるとき、いくつかのオヤツを渡されたとします。すると平等を前提に、そのうちのいくつが自分のものか、算数なんてできないはずなのに瞬時に判断できる。これを「自然の数学」と呼びます。これは人間の子どもなら誰だって持っている能力です。

しかし、サルはこの「自然の数学」の能力は持っていません。平等意識はあったとしても、前にも話したように、自分と相手の比較のなかで、エサがどう配分されるべきか、関係性で判断しているわけですね。そんなサルの段階から人間のような平等意識が育つには、長い長い時間が必要だった。獲物はどういう形で分けられるべきか。そう問われる機会が何度も生じなければならなかったはずです。

関野　そして、そんな機会は、食物が豊富な森林のなかでは起こらなかった。起こったとしても、ゴリラやチンパンジーに見られるような形にとどまった。人間は食料の乏しい森林の外に出て初めて、自分たちの意志で食物を持ち帰り、仲間の前に置いて「さぁ、これをどう分けようか」という機会が必要になったというわけですね。

山極　そうです。自然界のなかではどこにでも食べ物はある。だから散らばって思い思いに食べる。強いやつに横取りされても飢えることはない。奪われたとしてもほかに食料があるから固執する必要はない。大きなリソースに関しては一番強いやつがそこに陣取って独占する。関係性や身体能力によって取り分が違うというのが自然な姿なんです。

自然のなかで作られた社会関係によって食物の取り分が決まるサル社会に対して、人類は食物によって社会関係を築いてきた。そこはちょうど逆になるわけですね。

関野　なるほど、分配や平等ということを巡っても、サル社会と人間社会はまったく異なる地点から出発しているのかもしれませんね。

物とともに手渡される負債

山極　分配と平等意識について、話は少し飛びますが、先ほど関野さんがおっしゃったように、人間は、ジャングルに立つ一本のヤシの木を指さして「あれはオレのものだ」と主張したりします。「オレが最初につばをつけたんだから、オレのものだ」と言って、誰のものでもなかったヤシの木に、自分の名前をつけて所有物にするわけですね。

人間はそんなふうに、計画的に将来を見越して、誰のものでもない物を所有物にしてしまう。で、物に名前をつけると何が起きるのか。分配したとき、貸しと借り、つまり負債が生まれます。

関野さんによれば、ヤノマミの人々は、ヤシの木の所有権は主張しても独占や貯蓄はしないし、採ってきた実はすぐに分配するから、平等の意識とは矛盾しないということですが、個人と個人の間に貸し借りの感覚は残ると思うんですね。

そこで、ぼくが非常に興味深く思って注目しているのが、アフリカの先住民ピグミーの分配の方法なんです。ヤノマミやニューギニア高地人などの分配方法と違って、ピグミーの社会では、物を分けるときに直接の手渡しを避けるようにしています。食べ物でも何でも、相手に物を分け与えるときには、台の上にぽんと置いたり、子どもを介して届けたりする。

自分の名前をつけた物を他人に与えるという行為は、「私がしたことをよく覚えておきなさい。私はあなたに貸しがあるんですよ」という主張に繋がります。物と同時に、個人から個人へ負債も渡しているわけです。負債が生まれると、平等の原則が崩れてしまう。だからピグミーの人々はなるべく手渡しはしない。そういう知恵なんですね。

これは類人猿には見られない、きわめて人間的な行為だと思うんです。人類は古くから、食物の分配が人間関係やコミュニティーの存立を大きく左右することを何度も経験して、実感として知っていた。下手な食物分配は嫉妬の原因にもなるし、政治的にも利用される。相手を攻撃する材料にもなります。だから、そうしたことをあらかじめ避けるためにも、ピグミー社会のような慣習が生まれたのではないかと思います。

関野 ピグミーの社会もそうですが、狩猟採集民の社会には、食物の分配によって貸しや借りや負債が発生しないように、それぞれ慣習があると私も感じています。

たとえば、私が長年付き合っているマチゲンガの人たちは、獲物を捕ってきたときに決して偉そうには振る舞いません。もちろん、獲物を捕ってくる男は素晴らしい戦士だとみんなに尊敬されるんですが、だからこそ絶対に威張らないんですね。そんなコミュニティーの平等性を守る礼儀作法というか、慣習が、日常的に父から子へと受け継がれているわけです。

その実例として面白かったのは、何年か前に、十歳の男の子が初めてひとりで狩りに出て行ったときのことでした。

小さな、自分の身体に合った弓を持ってジャングルに入っていくゴロゴロという男の子に私も同行しましたが、その日は空身で帰ってきました。彼の狙いは、よく鳴くので見つけやすいし、肉もうまいケンツォリというウズラのような鳥でしたが、近寄っても、一羽も捕れずに帰ってきて、「鳴いてはいるけど姿が見えない。近寄っても近寄っても鳴き声が遠くに聞こえる」と父親や兄貴に報告している(笑)。

それで、翌日の夕方もう一度行くというので私もついて行ったら、その日も結局捕れなかったんですが、彼は私に向かって「明日はひとりで行くからついてくるな」と言うんですね。というのも、その子は、アリがウジャウジャいて、トゲのある植物が生えているジャングルを裸足で歩いていくわけですが、私は靴を履いていた。私が靴を履いてついてきたから捕れなかったんだ。捕れないのは私のせいだというわけです。

そして翌日、彼はまたひとりでジャングルに入っていった。みんなは、どうせまた捕れないだろうな、と思って見送りました。けれど、その日は射止めて帰ってきたんです。

三日目で初めて、しかも人生初めての獲物ですよ。本当は嬉しくて仕方がないはずなのに、なぜか不機嫌そうにブスッとした顔をして、捕ってきたケンツォリという鳥を、さも当然のように母親にポイッと渡して、ふて寝している。

なぜそんな態度をとったかというと、彼は父親や兄貴の真似をしているんですね。狩りでも森の動物や植物の知識でも、森でどのように振る舞ったらいいのかも、彼らは誰かから手取り足取り教えてもらうわけではなく、身近な大人の真似をして学んでいくんです。

たしかに、村の男たちは獲物を捕って帰ってきても、喜んで騒いでいる周囲をよそ目に、さも当然のように、見ようによっては不機嫌そうに振る舞います。それが男の美学のようになっている。けれども、捕った本人が偉そうにしないのは、じつはコミュニティーの平等性を守るため、という側面も大きいわけです。

狩猟採集の社会では、物は必要な人のもとへと渡っていくわけですが、山極さんが指摘したように物の移動とともに負い目、負債も渡っていく。しかし、貴重な動物性タンパク質の分配にまで負い目や負債が生まれると、コミュニティーが成り立たない。だから捕った男は絶対に威張らないし、自慢もしないわけですね。一方で女や子どもたちは感謝とともに喜びを表す。それがマチゲンガの社会で負い目を解消する仕組み——ひいては平等性を守る作法となっているんです。

十歳の少年は人生初めての狩りでそれを真似たわけですが、その夜がまた面白かった。大人を真似たといってもまだ子どもです。興奮を抑えきれなくなっちゃって、初めての狩りの武勇伝をみんなべらべらしゃべっていた（笑）。それを見ていて本当に彼の嬉しさが私にまで伝わってきました。

山極　それはいい話ですねえ（笑）。人間の本性と絡み合った、ひとつの文化だと言えますね。そういう文化は、日本にもつい最近まで、間違いなく存在していました。若いころ、ぼくが訪ね歩いた日本各地の山の猟師や海の漁師もそうでした。大漁だったり、狙った獲物が捕れたりすると、内心嬉しいんだけど、「今日は不漁だった」「ダメだった」という言い方をするんですよね。それが格好いい。しかも周囲の人が、彼の謙遜というか、控えめな言い方を理解して「今日も彼はしっかり仕事をしてきたんだな」といった評価の仕方をする。だからこそ、その人の喜びが周囲に溶け込むわけですね。みんなが許容する範囲で名誉が保たれる。そこがとても重要だと思うんです。

人間の本性と結びついた文化

関野　そこでまた、山極さんにあらためて聞きたいんですが、そんな人間の本性と結びついた文化に、何か繋がるような習性や慣習といったものは、ゴリラやチンパンジーにはないんですよね。

山極　ありませんね。だから、ここで考えなければならないのは、そもそもなぜ、人類はそんな面倒くさい慣習を生み出したのかということなんです。

たとえば太古の人類が男同士で狩りや採集に行ったとします。そこでうまい物を見つけたら、普通ならその場で食べます。ゴリラやチンパンジーもそうしているわけですから。しかし、人類はいつしかそこを乗り越えて獲物（食物）を持ち帰るようになった。あるいは持って帰ろうという気持ちになった。なぜそうなったかが非常に重要だと思うんです。

当初は集団を維持するためだったかもしれません。けれど、いつしか人類は〝自発的に〟持ち帰るようになった。それはきっと、食料を持ち帰ったとき、みんなが嬉しそうな顔をして迎えてくれたからではないか、あるいは称えてくれたからではないか、とぼくは想像しています。

これ、現代の人間にとっては何でもないことのように見えるけど、成立するのはとても難しい内面相互の文化なんですね。おそらく長い歳月を経て、ようやく獲得した文化、慣習だといっていいでしょう。

関野 しかし残念ながら、現代社会、とくに日本では、それが失われつつありますね。食物をはじめとする物の分配や、コミュニティーを成り立たせるための平等意識、所有欲や名誉欲など個人の欲望を抑える力……。どれもこれも衰えてきて、ゴリラやチンパンジー並みの社会に戻りつつある、人類の退化とも言えるんじゃないですか。

山極 そうですね。極端に言えば、自分の欲望を抑圧してでも食物を持ち帰った。好きなことをやるのが人間の本性だと考える人が増えたわけです。食習慣にしても、分け合うことをみんなが喜ぶ姿を見たいなんて思う人が、いつからかいなくなってしまって、みとなんてどうでもいい。自分の好きなものを自分の好きなときに自分の好きな場所で食べる。これが一番幸福だと考えている。

その根っこにはやはり、好きなことをやるのが人間の本能だ、本性だという、人類成立の自然の流れとは違った考え方があるんでしょうね。そんな背景が、いまの日本社会を狂わせている。いや、日本社会を壊している大きな要因なのではないでしょうか。

関野　私の教え子もそうですが、いまの若い世代は携帯電話やインターネットを用いたフェイスブックなどのSNSの繋がりばかりを重視しています。もっと言えば、SNSのなかでしか他人との繋がりを持てないような人もいる。そんな変化と反比例するかのように、たとえば家族の存在感も失われています。高齢化、核家族化、少子化……と、これまでも家族の変容については語られてきましたが、いまはまた違った形で家族が変わってきているんですね。

話は最初に戻ってしまいますが、人間の共同体の原点にあるのが家族です。家族という集団が人間を人間とする基盤だとするならば、もしも家族自体がなくなってしまったら、人間は人間ではなくなってしまう。共感や同情といった人間にとっての自然で大事な感性、つまり山極さんの言う「人間らしさ」を育む場もなくなってしまう。山極さんもそこを嘆いているわけですよね。

山極　そうなんです。共感や同情という感性は、インターネットなどでは決して学べません。これは共同体の内部にいて身近な仲間を見ていなければ身につけることができないんです。いかに言葉で伝えられたとしても、行為と雰囲気を肌身で実感しなければ、絶対にわからない。

関野さんが付き合ってきたマチゲンガの狩人のように、喜びを抑えて不機嫌に帰ってくるような事例もそうですよね。父親や兄、共同体の男たちの行為を不断に見ていなければ、学ぶことはできません。

共感とは経験に根ざしたものです。共感という感覚を会得するには、生身の体験と時間が不可欠になってくる。それなのに、いまの効率重視、経済重視の社会は、その機会をどんどん切り捨てていく。体験や時間がかかることを排除していきます。

関野　いまの日本では、生きるための知識や技術なんか身につけなくても、情報にアクセスする方法を知っていれば何とかなる。そう思われています。人間として生きるためには不可欠であるはずの共感力も、必要なくなってしまったのかもしれませんね。

山極　何か人間社会の目的が、利便性を求めるだけの歪《いびつ》なものになってきましたね。ものを学び、知るということでも、膨大な情報が蓄積されたデータベースにどうアクセスするかという、利便性を高めていくだけの社会になってしまった。それでは人間同士の共感というものを身につけられるわけがありません。たしかに、データベースにアクセスすれば、共同体や社会のルールは頭で理解できるかもしれない。ただし、決められたルールだけを守って生きていても不測の事態には対処できない。

アマゾンやアフリカの熱帯雨林では、知識や技術を身体の内部に蓄積させなければ、生きていくことはできませんよね。しかも、自然のなかでは同じ現象は二度と起きない。だから蓄積した知識や技術を応用して、新たな想定外の事態に対応しなければならないんですが、現代人にはそれが難しくなっている。

関野　それを聞いて思い出しました。私もアマゾンの先住民と過ごしていて、子どもたちが生き生きしているように見えるのは、毎日想定外のことが起きるからなのかもしれない、と思っていたんです。

子どもたちの生き生きとした姿ということでは、東京とアマゾンに暮らす十歳の子を比較してみると、とてもわかりやすいですね。

アマゾンの子にナイフ一本渡せば、ジャングルのなかで生きていける。動物を殺して食べて、家も造れる。しかし、東京の子には、当然そんな能力はない。マチゲンガの少年が父親たちの姿を見て振る舞うような体験もできない。東京、いや日本では、そもそも父親がどんな仕事をしているかもわからない、見られない子どもが多いわけです。

ただ、そんなふうに何もできないんだけど、日本ではお金を持って店に行けば、十歳の子どもでも、六十歳を超えた私や山極さんと同等のサービスを受けることができる。そんな環境では、お金に全能感を抱くのは当然です。けれども、それは偽りの全能感にすぎません。当然、身体内から生き生きとした表情や生きる自信が湧き上がるわけでもない。現に、彼らがアマゾンに行ったら、数日生きることもできないわけですから。

山極　それは子どもだけの問題ではありませんね。いまの話を聞いて、関野さんがかつて語っていた「現代の私たちの生活は、たくさんの管と線に支えられている」という言葉を思い出しました。ぼくが最初に連想したのは、病院のベッドでさまざまな管や線に繋がれることで、やっと命を永らえている重病人の姿でしたが……。

関野　スパゲティー症候群と呼ばれている病人や老人たちの姿ですね。現代人はみんな、そうはなりたくないと口では言いながら、最後は生きるためにスパゲティー症候群になる選択をしてしまう。けれど考えてみれば、いまは私たちの家や、暮らし全体が、スパゲティー症候群になっているんですね。

電線、電話線、ガス管、上下水道管……。そうしたものに繋がれて、まるで人工呼吸器や点滴の管、導尿管、心電図のモニターなどが張り巡らされたスパゲティー症候群の患者と同じような状態です。日本人はひとりで生きているつもりになっているけど、実際は管と線に繋がれていないと生きていけなくなってしまった。本来、人間は自然環境がなくては生きていけないのに、その自然を壊して、管と線だらけの環境に作り変えてしまったわけです。

山極　たしかにそうですね。管や線に繋がれて、効率性を過剰に重視した社会に、いまの日本の子どもたちは暮らしている。そうしたなかで、体験に根ざした実感や、共感を抱く機会は著しく減ってしまった。大学で学生たちと接していても、そう感じる瞬間はあります。その実感を取り戻す方法を考えなくてはなりませんね。

第五章　グローバリズムと教育

体験する場としての大学

関野　前章で、いまの日本が経済効率や利便性追求一辺倒の社会になってしまったという山極さんの指摘がありましたが、その結果、人間社会にもたらされたものは重大ですよね。共感力や、それを学ぶ機会が失われるなか、たとえば「孤食」に代表されるように、人と人との繋がりが断絶して、孤立する人が増えてしまった。

しかし一方では、多くの人が、そんな社会に対して漠然とではあっても危機感を覚えているんじゃないでしょうか。その象徴が、三・一一の東日本大震災後に流行した「絆」という言葉だったと思うんです。

けれども、あのときはキーワードだけが先走りしすぎて、思考にも実態にも内容が伴わなかった気がします。あまりに薄っぺらに「絆」という言葉を使いすぎたのかもしれません。

絆には、「繋がる」という意味のほかに、「縛る」というマイナスの側面がありますよね。東北の被災地、いや東北だけではなく、日本の地方から若者が都会へ出ていったのは、ひとつにはその「共同体の縛り」を嫌がったからです。そして地方には年寄りだけが残った。そんな現実を無視して、絆だ何だといわれても、うわべだけじゃないか……。当事者である地方出身者たちは戸惑ったはずです。

山極　その共同体の縛り、人との繋がりで生まれる〝しがらみ〟を嫌う人が増えたのは、じつはぼくたちの世代からなんです。

ぼく自身、高校卒業後に東京を出て京都で暮らし始めましたが、これは高校のなかの人間関係や、家族関係がうっとうしかったというのも動機のひとつでした。しがらみから逃れて、新しい人間関係のなかで自分を見つめ直してみたかった。それは若者たちの多くが、人生の途中で思うことのはずです。だからみんな故郷を離れる。それはそれでいいんです。

人間とは面白いもので、たとえ自分が生まれ育ったコミュニティーを嫌って出ていったとしても、故郷との関係が完全に切れるわけではない。どこかで必ず関係は残る。故郷は、家族や親戚にしろ友人にしろ、人と顔を合わせて同じ体験を共有した場ですから、何かあったときに頼りにできる場だとも言えます。

問題なのは、いまのＩＴ社会ではコミュニケーションの手段は格段に進歩したけれど、顔を合わせて同じ体験を共有しないから、他人との「信頼関係」が紡げないということではないでしょうか。その信頼関係を築く前提をどうするか、そこをまず考えなければならない時代になってしまいました。現代の大学生を見ているとつくづくそう思います。

関野　私も学生たちと接していて、それは実感しますね。

山極　かつての大学は学生が知識を学びにくる場だったけれど、いまは明らかに違うんですね。彼らは、知識というものはインターネット上にあると考えている。あるわけがないんですが、まだ気づいていない。膨大なデータベースがあるから図書館に行かなくてもいい。教師や仲間から直接知識を学ぶ必要はない。レクチャーなんか聞く意味もないと考えている。

しかし大学には知の集積があります。自分だけが学んでいるのではなく、ともに学ぶ仲間がいて、困難にぶつかったときにはサジェスチョンをしてくれる仲間なり先達なりがいる。そこから新しい考え方が導き出されていきます。

新しい事態に直面したときに、教師や友人と会話しながら対処していく。それが何よりも大切なんです。だから、いまの学生には学問を通して何でもいいから直に体験してほしい。フィールドワークや実験、あるいは仲間や教師との対話を繰り返して、何かを実感してほしいと感じます。

これは本来なら、初等、中等教育や、あるいは家庭で一度は体験しておくべきことなのでしょうが、それができていない現実があるんですね。そんなことを高等教育で一から学ばせなくてはならないことが、われわれ大学教育に携わる人間が抱える悩みになっている。

関野　そうですね。同じことは私も感じていますが、ひとつだけ、山極さんはインターネットの出現が現状を引き起こしたと言うけれど、私はいまの大人たち、あるいは学校教育のシステムにも大きな責任があると思うんですね。

たとえば、いつのころからか、ボランティア活動が高校生の内申書の成績に付加されるようになりました。本来、ボランティアとは共感力や同情心から自発的に人の役に立ちたいと考えて行動するものだと思います。ところが、中等、高等教育ではそれに点数を与えてしまった。点数というご褒美を与えることで、打算でボランティアをする若者が増えてきた。ご褒美がないと動けない人間を作ってしまったんだな、と感じます。

私たちの世代でも、いい会社に入ったり、いい報酬を得るために、たとえば英語を覚えようという人がいたけど、それに似ているかもしれません。ご褒美があるかないか、進学や就職に有利かどうかが、ボランティアをしたり何かを学ぶことの判断基準や動機になる。

そんな教育の問題に拍車をかけようとしているのが、いまの政権です。国立大学の人文系の学部を廃止しようと動いている。たしかに、人文系の学問である哲学や文学、あるいは私が教えている文化人類学もそうだけど、学んでも経済発展の直接の役には立ちません。そのくせ、根本的なところから政権や権力に異を唱えたり、反発して面倒くさいことばかり言う人間が育ってしまう。そんな人間を育てる学部なんてなくしてしまえ、と短絡的に考えているわけです。

考えてみれば、本来、学問とは人間の生活や社会にとって無駄な部分をたくさん含んでいたものだったはずですよね。無駄だけど面白いから、生活の範囲を離れて本を読んだり、先達に話を聞きに行ったりしたわけです。それが間接的には生活や社会に役立つことも人間にはわかっていた。

けれどもいまは、本来は無駄な時間がたくさんあるはずの学生も含めて社会全体に余裕がなくなってしまった。そうさせてしまったのは私たち大人の責任ですが、余裕がないから若者は無駄なことができなくなった。そして社会も政府も、効率性や経済性を最重視して無駄を許さない。

山極　それについては、経済や効率は数値化ができる、数値化すれば比較もできるし優劣もわかる、そう考えられているところに問題がある気がします。多くの人が、学力もスポーツと同じように勝敗がつくと考えている節がありますよね。スポーツの能力と学力はまったく違うのに。

スポーツには試合があります。自分の能力と同じ分野の能力を持つ人や集団とぶつかり、勝敗や順位が決まる。そのために目標を決めてチームや組織で努力を重ねる。そういう競争的な環境を作れば、学力も伸びるはずだと考えている人が多いようです。

しかしそれでは、「学力」というものが何なのか、そもそもわかっていないと言わざるをえません。

たとえば、「総合的な学力」とは何かといえば、あるひとつの分野に突出するのではなく、テーマや問題を大局的な視野で眺めることができる能力のことです。そんな能力が、言い換えれば本当の学力が、競争的な環境で鍛えられるわけがない。鍛えて発揮するには、さまざまな話をじっくり聞き、頭のなかで整理して、過去に蓄積してきた知識や教養と照らし合わせていくことが求められます。そしてどんな分野に応用できるか、自分の知識や経験を頼りに探っていく。

総合的な力は、学問だけでなく生きるうえでもそうですが、ふさわしい場が与えられたり、必要な機会に直面したりしたときに初めて発揮できる能力です。競争的な環境で培える力ではないんです。

関野さんが何度もおっしゃるように、いまはすぐに役立つ能力ばかりが求められている。しかし、すぐに役立つ能力は薄っぺらです。世の中はどんどん変わっていくわけだから、すぐに役立つ能力よりも、長い目で見て将来的に役立つ可能性がある力を身につけなければならない。しかも応用能力や適応能力を担保しなければ、社会に取り残されて、まったく見当違いの間違った方向に進んでしまう危険性もある。

しかし、文部科学省は二〇二〇年の東京オリンピックを目標に、スポーツも教育も文化も研究も、一緒くたにして推進していくと話しています。これは取り返しのつかない間違いに発展する恐れがあります。

教育は、非常に人間的な行為です。進化の過程から見ても、教育を意図して行うようになった動物は人間以外に存在しません。つまりは人間の本性なのだということです。そこをもう一度、根本から問い直す必要がありますね。

関野　たしかに、教育をする動物は人間だけですね。動物では親が子に生きる術《すべ》を教えることがあるけれども、あれは本能であって教育ではない。しかしそうだとすると、ではなぜ、動物のなかで人間だけが教育というものをするようになったのでしょうか。

山極　ぼくは人間が目標を持つ動物だからだと考えています。目標を持つことは、いまの自分が、将来は違う自分になるということなんです。しかし、自分の変化を決めるのは自分ではなく、他者です。

評価は他者がいなければ成り立ちませんよね。前にも話しましたが、人間は自発的に食物を持ち帰って仲間に分配するようになったけれど、それはそこで喜ばれたり称えられたりしたからだった。仲間に喜ばれたり称えられたりすることで、さらに自発性が促され、その相互作用が食物の分配という文化を発展させた。同時に人間同士の共感を育み、そこからほかのさまざまな文化も生み出してきた。そんなふうに、最初から人間は、他者の評価や社会の評価によって行動し、生きてきたわけなんですね。

他者があってこそ、自分というひとりの人間が存在してきた。

そんな評価や共感のある社会に生きてきたからこそ、人間はそれぞれが自分の発想と自発的な努力によって必要な知識や技術や教養を身につけなくてはいけなくなった。その個々人の必要性からは当然、到達すべき目標が生まれます。そしてそれは、社会が欲する共通した目標にもなったはずだから、やがて教師などの立場の人も誕生して、個人の将来の成長を周囲の他者が支えるという形の教育というものが成立した。そういうことではないでしょうか。

関野　なるほど。他者がいるからこそ、教育というものは誕生し、成立したというわけですね。しかし現代社会では、その他者との関わりが軽んじられ、薄くなってきている。これはやはり、教育にとっては根本を揺るがすような重大な問題なのではないかと、私も思います。

探検三昧の学生生活

関野　私自身の体験を振り返っても、つくづく思うんですが、このところ学校そのものや教育のあり方、教師と学生・生徒の目的なども大きく変化してきています。そもそもかつては、大学でも教員は学生に目先の就職のために役立つことなんか教えようとはしていなかったですよね。

高校卒業後、私は探検部を創って未知の国を探検するつもりで、一橋大学の法学部に入学しました。一橋大学にはまだ探検部がなかったので、最初から自分で創るつもりでいたんです。

そう思って入った大学で、選んだゼミの担当教員は、国際間の司法取引や国際結婚、親子関係などを専門とする国際司法の先生でした。シラバスには、四カ国語はマスターしていないとこの学問はできないと書いてある。だから多くの学生は敬遠して、結局ゼミは二人だけでした。

山極　なぜ探検をしたいと考えていたのに、そんな難しいゼミを選んだのですか？

関野　理由は、その先生が常々言っていた言葉です。先生はこんなことを話していました。「私は学部時代、哲学と音楽しかやってなくて、大学院に入ってから初めて本格的に法律を勉強した。社会科学は、社会に出てから勉強すれば間に合うはずだ。若いうちはそれよりも、ほかにやらなければならない大切なことがある。それは、ものの見方、考え方を作り上げていくことだ。そのためにはさまざまな分野の本を読み、さまざまな分野の人と語り合い、自分の頭で考え、自分の言葉で表現することが大切になる。だから、法学部に入ったからといって法律の勉強だけにこだわる必要はない。ほかに学びたいことがあるのなら、法律をやらずにそちらをやるというのでもいいんです。その代わりに、やるならば真剣にやりなさい」と。

山極　いい先生ですね。

関野　そうなんです。アマゾンを探検しながら文化人類学を学ぼうと考えていた私にはぴったりでした。しかも、その先生は文化人類学にも造詣が深かった。そして私以外のもうひとりのゼミ生も、じつはインドを旅して研究したいんだと言っていたから、二人とも法律はどうでもいいやって感じでしたね（笑）。

それで、先生もそんな私たちを面白がってくれて、法律だけでなく文化人類学も教えてくれましたから、アマゾン三昧、探検三昧でいられたわけです。いまはそんな大学生活を送っている学生はいないでしょうね。

山極　関野さんは高校時代から探検家を目指していたわけですよね。それなら、なぜ法学部に進もうと思ったんですか？

関野　正直にいえば、法学部を選んだのは消去法だったんです。法律家には失礼な話なんだけど、高校時代、法律は才能がなくても地道に努力すれば一人前になれるんじゃないかと勘違いしていました。

それよりも高校時代から私が考えていたのは、とにかく大学に入ったら、どこか未知の場所に行って、目から鱗が落ちるような体験がしたいということだったんですね。場所はアマゾンでもインドでも韓国でもどこでもよかったんです。だから、旅行資金と生活費を稼ぐためにアルバイトばかりしていました。家庭教師や教材の販売、英字新聞の営業、学習塾の講師、船のワッチマン、道路工事、建設現場、ヨット場や海の家、その他あらゆるバイトをして資金を集めました。

結局、一年間で百日以上はバイトして、百日以上は山に登っている。そんな大学生活でしたね。当時は学生紛争で授業がなかったから、好きなことをするしかなかったし、それができたわけですが、いまの学生よりははるかに本を読み、友人たちと議論をしていたと思います。そしてそのうち、本格的にアマゾンに通うようになって探検を続けるうちに、本気で探検家を目指すようになったというわけです。

探検に関しては、そのための本や資料を読み漁り、専門家の話を聞いて回りました。札幌にアマゾンに長期滞在した人がいると聞けば飛んで行き、福岡にアマゾンに調査に行った人がいるとわかれば会いに行き、京都にアマゾンを研究している人がいれば話を聞きに行きました。もちろん東京でもいろんな人に話を聞きました。

ただ、そうやって探検を続けるといっても、大きな問題がありました。卒業後、どうやって飯を食うか、生活費や探検する資金をどう稼ぐかという問題です。

山極　それは現代人なら誰もがぶつかる普遍的な問題ですが、関野さんにもそういう時代があったんですね。意外だなあ（笑）。いつも飄々《ひょうひょう》としているから、そんな現実的な問題では悩まないような雰囲気があるんですが。

関野　そりゃ私だって悩みますよ。霞とロマンだけ食べていては生きていけませんからね（笑）。当時、探検以外の実生活で何をやって生きていくかということでは、いくつかの選択肢がありました。専門的に学んで文化人類学の研究者になるか、あるいはジャーナリストや写真家として、探検で見聞きしたことを発表していくか。いろいろ考えましたが、どれもこれも何か違うと感じていました。自分にしっくりこなかったというか……。

山極　その違和感の原因は何だったのでしょうか。

関野　研究者やジャーナリストになれば、これまで付き合ってきた先住民たちと調査や取材で関わっていくことになります。それが嫌だった。あくまでもひとりの友人として付き合っていきたいという気持ちが強かったんです。

そもそも私は、外部の人間とは交流がない人たちと出会いたい、そんな人たちの暮らしを知りたいと思ってアマゾンの先住民の村に入っていったわけですね。そこにはもちろん郵便局も電話局もないし、仲介者を通すという伝手もないから、いきなり訪ねていくしかなかったわけです。

毎回、いきなり訪ねて「泊めてください。できれば飯も食わせてください。その代わり何でもお手伝いしますから」とお願いするんですが、断られた経験がないんです。彼らは見ず知らずのよそ者を、しかも外国人の私を受け入れてくれた。

山極　彼らには、よそ者を受け入れる習慣や伝統があるということですね。

関野　基本的にはそうです。しかし実際には、ペルーアマゾンの集落でマチゲンガに逃げられたという経験もあります。よそ者なんていままで来たことがないので、みんな驚いて集落から逃げ出してしまった。そのときはマチゲンガの言葉がわかる案内人にお願いして、森に逃げた彼らを捜してもらい、説得を試みました。「彼は危険な人間じゃない。安心して大丈夫だから」と橋渡ししてもらって、やっと受け入れられたわけです。そしてそれ以降は、家族のように付き合うようになりました。もう四十年以上の付き合いになります。

その村では、私が大学時代に一歳だった子どもが、いまは四十代半ばになっています。彼らは十五、六歳で子どもを産むから、四十代半ばだと孫が大きくなっている。だからもう五世代の付き合いになるわけですね（笑）。

山極　それは、ぼくもそうですね。アフリカの調査を始めたのが一九七八年だから三三十六、七年になります。もう三世代目。長い付き合いになりました。

関野　彼らは、何もできない私を世代を超えて友人として迎えてくれる。本当にありがたいことです。ナイフ一本で森のなかで生きる術を持っている彼らにとっては、私は何度通っても足手まといの居候にすぎません。それ以外の何者でもない。「何でもします」と言っても何もできないわけですから。アマゾンでもアンデスでもギアナ高地でもパタゴニアでも……いつでもどこでも、私は足手まといの居候にすぎなかった。それでも彼らは付き合ってくれる。

そんな彼らを研究や取材の「対象」にするのではなく、フェアな関係を保ちながらお互いが友人として付き合い続けるにはどうすればいいのか。そればかりを二十代のころの私は考えていました。

それであるとき思ったんです。医者になれば、彼らの役に立てるし、私自身も飯が食えて旅も続けられるのではないか、と。そうして医学部に進んだというわけです。一橋大学では法学部から社会学部に移りましたから合わせて八年、横浜市立大学の医学部に六年、全部で十四年も学生として大学に通ったから、私は教育にはうるさいんですよ（笑）。

教育では教えられないもの

山極　いま振り返ると、ぼくも二十代のころに旅を経験していなければ、教育とは人間の本性なのではないか――などと考えることはなかった気がします。

ぼくはサルやゴリラを追って日本やアフリカの各地を歩きました。そのなかで何度も強く実感したのは、人間ってホントにお節介だな、ということでした。人間はなぜか、相手が知らないこと、わからないことがあると教えてあげたくなる。何か困っていると感じると、自然に助けてあげたくなる。旅の場面ではとくに強くそれを感じますが、教育というのは、そんな人間の本性と深く結びついているんじゃないかと思うんです。

関野　なるほど。たしかに私が出会った先住民たちにも、お節介な人は多かったですね。だから私も旅を続けることができた。そこが教育に繋がっているというのは面白いですね。

山極　ただ、教育は人間の本性だとは言いましたが、自分が何をしたいのか、という根っこの気持ちだけは、教育や他人の言葉では左右できませんよね。これは自分のなかから生まれるものです。

「医学を学びたい」「アマゾンに行きたい」「ゴリラを知りたい」……。何でもいいのですが、何かをしたいというときの〝何か〟だけは教育では育てられない。

関野　「あなたは本当はこれをやりたいはずだ」とお節介をしたら、逆にやる気をなくす人もいるでしょうからね。

山極　いくら優れた教育の仕組みがあったとしても、何かに対する興味や関心を自分のなかで見つけなければ、教育の力は発揮されません。

振り返れば、ぼく自身もそうでした。若いころ、アフリカを歩いたのは、ゴリラを見たいという自分の内から出た興味と関心、そして情熱があったからです。けれど、ゴリラにはそう簡単に出会えるものではありません。すると周囲の人たちが「こういう方法がある」「ここのあたりにいるかもしれない」とお節介を焼いてくれる。

それは、みんなぼくがゴリラを見たい、本当に見たいと知っているからこそのお節介です。もしもぼくが、教師に言われて仕方なくゴリラを探していたとしたら、アドバイスのしようもなかったでしょうし、協力してくれる人も少なかったでしょう。もっといえば、何をしたいのか、本人がわからなければ、周囲の人は言葉のかけようがありません。

ぼくは、ここが現代社会の大きな問題のひとつだと思います。いまの若い学生たちは、自分がいったい何をしたいのか、わからない人が多い。だから教育も力を発揮できない。

関野　私もそう感じます。ただ、私たちが若かった高度経済成長の時代と現在とでは社会環境が大きく違っていて、経済も右肩下がりで景気も悪く、格差も広がっている。おまけに高齢社会だし、さまざまな管理も進んで社会的な抑圧が強くなるなか、人間の自由度も薄まっています。
そんななかで活路を見いだせずにいるのが、いまの若い人たちなんじゃないでしょうか。だから結局、無駄なことをする余裕もなくて、みんないますぐに役立つ資格や知識ばかりを追い求めてしまう。

山極　たしかにそのとおりで、いまの若者も将来に希望が持てれば、そこに向かって自分が何をするか、夢見ることができるはずなんですけどね。しかし将来には希望が持てないから、将来よりも現状のほうがいいと思えてしまう。だからなるべく将来には向かいたくない。そう考えている若者が多いようです。

関野　さっき山極さんは、人間は目標を持つ動物であり、目標を持つことは、いまの自分が将来は違う自分になることだと言われました。しかし、いまの日本社会では若者が将来に大きな目標を描けずにいて、安定した仕事に就いて安定した生活を送ることだけを目標にするようになってしまった。これでは学問にしても芸術にしても旅にしても、真に創造的なものは生まれるわけがありませんよね。つまりは若者が、というより社会全体が、違う自分にはなれないままでいるわけで、どうにも行き詰まっている。

山極　そうですね。だから現状では教育の力も発揮しにくいし、状況がわかっている大人たちも、若者に向かって何も言えないような空気になっているんだと思います。

関野　そんななか、私がふだん教えているのは美術系の大学生だから一般的な学生とは少し感覚が違うのかもしれませんが、「いまとは違う自分になる」ということなのかどうか、「有名になりたい」と考えている学生がとても多いんですね。しかしこれは、自分が本当に何をしたいのかという将来目標からきているものではない。しかも私たちの時代と違うのは、彼らが最初から、不特定多数の全国の人、顔の見えない人にまで評価されたいと考えているところで、これには正直、違和感がありますね。もちろん、自分や自分の仕事、行動を周囲から認めてもらいたい、注目を集めたいという気持ちは誰にでもあるから、少しはわかるんだけど……。

山極　それはインターネットやSNSの影響が大きいんじゃないですか。

関野　大きいですね。しかも現代ではマスコミに取り上げられれば、どんな分野でもすぐに顔が売れて、分野を超えて有名になれる。

私たちの時代は、顔が見える身近なところにしか付き合いはなかった。そんな身近な特定少数の人に、自分がやりたくてやっていることで認められたかった。学生時代や若いころは、年賀状をやりとりする百五十人くらいに認めてもらえればそれでよかったから、いまのように誰からでもいい、何でもいいから評価されたい、なんて考えてもいなかった。

社会の内と外

関野　山極さんも言われたように、人間は最初から他者の評価を意識しながら行動し、生きてきたわけですが、私たちの時代までは不特定多数の人たちと、しかも瞬時に繋がる術なんてなかったから、その評価というのは、限定的なものでしたよね。

限定的な他者からの評価によって生きる、という点では、若いころの私たちも、ヤノマミなどの先住民社会も、じつは同じです。話は少し逸れるかもしれませんが……。

山極　いいですよ。どうぞ。

関野　「ヤノマミ」も「イヌイット」も、彼らの言葉で「人」を意味します。しかし、その「人」に、訪ねていった私は含まれないんです。よそ者である私は「人」ではなく、「ナボ」と呼ばれます。私だけではなくて、よその人間はすべて「ナボ」。これは社会の限定性を示す言葉です。

それで、ある日こんなことが起きました。ひとりのヤノマミの男と一緒にほかの村に行ったときのことですが、なんと私を連れていったヤノマミの男が、その村の人妻を奪って逃げ出したんです（笑）。

山極　それは大変だ（笑）。いや、笑いごとじゃないですね。

関野　ええ。妻を奪われた夫と村の男たちは、怒り狂って探しに出かけました。しかし見つからなかった。そこで帰ってきた夫と男たちは、まず、間男が持ってきた弓矢を思いっきり地面に叩きつけて踏み潰し、間男が寝ていたハンモックも一気に引きずり下ろしたあと、私のほうを振り向いたんです。

これは、間男と一緒に村にやってきた私も仲間だと思われているから、殴られるかもしれないな。場合によっては殺されるかもしれない。そう覚悟しました。だけど、実際は何も起きなかった。それどころか、夫は「心配するな」という感じの優しい表情で私を見るんです。

山極　それは関野さんが「人」ではなく「ナボ」だから、怒りをぶつける対象ではなかったということでしょうか。

関野　そうです。よそ者のナボだから、私は人間以下の存在なんです。だから争うに足る存在ではない。評価の対象にもならないわけです。

そこで足元に目を向けてみると、私たちが若いころまでの日本社会も、じつはそうした社会の延長線上にあったはずだと思えるんですね。付き合う人が限定されて、社会が限定されていたから、人と争うにしても、評価をするにしても、相手が限られていた。

しかしいまは、評価の対象や、争う対象が無限に広がってしまった時代です。だからインターネットで顔も知らない相手に、罵詈讒謗《ばりざんぼう》の限りの言葉を投げつけて、非難攻撃をすることができる。そしてやはり顔も知らない人々が無責任に参加して〝炎上〟する。ひどいときには顔写真を流され、自宅や勤務先、学校まで特定されてしまう。悪い意味で社会が無限に拡大して、収拾できなくなってしまっている。

山極　ヤノマミの「ナボ」にあたる存在は、アフリカでは「ムズング」と呼ばれます。ぼくや白人はムズングです。関野さんが経験したヤノマミの社会と同じで、ムズングはトラブルの現場にいながら、関与者とは扱われません。

アフリカの現地で、当事者同士はお互い傷つけ合って、殺し合いさえしているんだけど、ぼくが傷つけられる対象になったことはありませんでした。それは、どちらにとっても、ぼくというよそ者が「無害の存在」だったからでしょう。そんなふうに彼らはムズングという部外者を作ることで自分たちの社会を切り分けて、限定してきたわけですね。

ムズングの存在や、切り分けられた社会の限定性が、では何をもたらしたのかというと、これは戦争を例に出すとわかりやすいですね。

現地の人に聞くと、かつての戦争では、女、子どもは傷つける対象ではなかったそうです。戦争状態において女と子どもは部外者だった。戦争はあくまでも男同士の戦いだから、女や子どもの部外者には決して危害を加えなかったというんです。男たちが傷つけ合ってそれで終わり。しかし、いまはそうではなくなってしまった。

いつからか、戦争では女や子どもを人質に取り、ためらわずに傷つけるようになった。いや、少年を誘拐して兵士に仕立て、戦争の当事者にしてしまっている。ぼくに話した人はそう言って嘆いていました。そんなことは、昔は起こりえなかった、と。

戦争のグローバリズム化が、昔からアフリカの人たちが築いてきた社会や備えていた価値観をガラリと変えてしまったのだと思いました。かつていたはずの「ムズング」、あるいは女、子どもという外部の存在がなくなってしまった。切り分けられ、限定された社会には明確にあったはずの境界が消えてしまった。関野さんは社会が無限に広がったと言いましたが、ぼくなりに言えば、すべてが「内部」になってしまったというわけです。それは、とても恐ろしいことなのかもしれません。

グローバリズムに寸断された世代

関野　社会に、かつてはあった境界がなくなり、すべてが「内部」になったという指摘は、そのとおりだと思います。話を戻せば、それは私が教える学生たちが、最初から身近な特定の人たち、つまり「内部」にではなく、国民規模の不特定多数、いわば「外部」に認められたいと考える現象と地続きのような気がしますね。

山極　そうですね。あらためて考えてみると、以前は「価値」というものが、年齢や世代、集団などによって違いました。しかし、いまはその線引きがなくなった。ぼくは、この悪しきグローバル化の発端は、一九八〇年代にあったのではないかと思っています。たとえばそれまでは、若者にとっての新たな体験は、多くが前の世代がすでに経験したことだった。だからこそ、前の世代は新しい世代に経験や、そこで得たものを伝えることができたわけです。

ところが一九八〇年代になると、新しいことは世代の上下にかかわらず、コミュニティーにとって、あるいは人類全般にとっての新しいこと、未経験のことになっていった。技術の進歩やIT化の進展に伴って次々と生み出される機械やシステム、その操作や運用、それらは世代や集団に関わりなく、みんなの前に広く一斉に投げ出されることになった。それがグローバル化です。

では、そのグローバル化によって何が起きたか。端的に言えば、教育の形が変わりました。

上の世代に教えてもらう新しいことがなくなってしまった。新しいことをどんどん求めようとすれば、上の世代に教えを請うよりも、社会の広がりに伴う新しい現象に目を向けたほうが、よほど新しいことを学べるようになった。そういう時代に突入したわけです。

評価にも同じことが言えます。かつては評価の仕方も多様でした。関野さんが言われたように、人はまず、身内の限られたコミュニティーのなかで評価を得たいと思って努力した。そして身内のコミュニティーは、外の社会ともさまざまな形で繋がっていた。だからこそ、身内でさまざまに評価された作者や作品が世に出ることもでき、やがて広い世界で認められ、大きな賞をもらうこともあった。それが身内の、コミュニティーに属する人々の誇りにもなっていた。

関野　そのとおりです。けれど、いまの若い世代にとっては、身内の評価はあまり意味をなさなくなっている気がします。山極さんの言うグローバル化そのものなんでしょうが、外の世界で賞を取ってくる人間だけが身内からも評価される。作者は身近な周囲は相手にせず、周囲も自分なりの独自な評価をしようとしない。いや、できないような空気になっている。

山極　それがいわゆる「資格文化」がもたらした現象ですね。評価する側もされる側も、能力を判定する基準が明確に定められていないと落ち着かない。だから大学でさえ、いまは一般社会、つまり外の社会が認めるスタンダードな資格を学生の能力の判定基準として用いるようになって、いわば職業訓練校的な存在になってしまった。

しかし資格を取ったからといって、本当に能力があるとは限りません。人間の能力とは多様で複雑です。ぼくはさまざまな能力がその場その場で評価されてしかるべきだと思います。判定基準で線引きした評価らしきものを単純に下すべきではない。突き詰めていけば、大学まで資格を評価基準にしたら非常に息苦しい社会になってしまう。もっと柔軟に多様な可能性を見いだせる社会を作る必要がある。

関野　大学までそうなってしまった直接の原因は何だとお考えですか？

山極　産業界が文部科学省に圧力をかけたからです。大学はすぐに役立つ人材を育てるサラリーマン養成所のような組織を大学内に作れ、金を使うなら有効に使え、と働きかけている。政治家は産業界の言いなりになっていて反対できない。そんな状況ですから、大学教育の未来もまったく先が見えない。世は闇です。

関野　山極さんは、文部科学省が国立大学に出した人文社会系の学部や大学院の廃止あるいは規模縮小の通達に対して、「大学にとって人文社会系は重要だ」と先頭に立って反対しています。いま山極さんにとって最大の敵はどこですか？

山極　別に戦っているつもりはないんですけどね（笑）。でも、強いて言えば、「世間」ですかね。

いつからか日本は「丸投げ文化」「無責任社会」の国になってしまった。いつでも、どんなことがあっても、みんな「誰かが何とかしてくれる」と考えている。そして自分の都合のいいことばかりやる。たとえば、行政にすべてを丸投げしているのに、行政の動きが遅かったり、成果が出なかったりすると悪口ばかり言いますね。行政に対してだけでなく、他者に問題解決を丸投げして押しつけ、そのくせ自分の立場や責任は振り返らずに批判だけして逃げるという風潮が蔓延してしまった。

丸投げと責任逃れの言動が将棋倒しのように連鎖している気がします。これには、政治が悪いからだと言う人もいる。それはわかるけど、根っこには丸投げ文化、押しつけ文化の弊害があるのではないでしょうか。

関野　三・一一の東日本大震災に伴う原発事故についても、そうでしたね。結局、誰も責任をとらないまま再稼働が決まってしまった。

山極　そうですね。この話は、始めるとどうしてもそこに行き着いてしまうんですが（笑）、みんな自分の利益だけを守ろうとするからそうなるんです。自分だけよければいい、と考える人間や組織が多すぎるから。

原発の再稼働でも、人間社会と原子力、文明史とエネルギーといったそもそもの話に立ち戻ることもなく、ただエネルギーの経済性や効率性、数値上の安全性といった、言い換えれば便利な生活の維持、追求ばかりが論点になっている。

ここで話はちょっと飛ぶようですが、ぼくはいま、人類は文明の転換期に差しかかっていると思うんです。

ルネサンス以降の五百年、人類は経済の成長を最優先に考えて、新たなエネルギーを次々と作り出してきました。そして大胆に端折っていえば、それが過度な開発による自然破壊や、国際間の競争、南北問題に代表される貧富の格差を生み出してきた。日本の産業界では、いまも「国際競争に勝つか負けるか」が最大のキーワードですよね。

しかし原発事故で、それがいかに危険な道で、危険な文明のありようだったのかがわかったわけです。だからこれからは、国際競争に巻き込まれるのを避けて、たとえば食糧自給率を高めながら自前の産業を育てようという国が増えてきてほしいと期待しているんですが、関野さんの見るところ、各国の動きはどうですか。

関野　食糧生産、農業については、いま世界各地で小規模の農業が見直され始めています。グローバル経済を前提とした、巨大な農場にスプリンクラーで水を撒き続けるような農業は、自然も壊すし、社会も壊すし、いつまでも続けられるわけがありませんからね。地に足を着けていくことの大切さにみんな気づき始めているんです。それは小さいながらも確実な社会の変化だと思います。

しかし、日本にとっての原発事故とその後の再稼働は、現代日本社会の原理が経済だけだったこと、残念なことに、いまもそうであるという事実が、あらためて突きつけられた出来事でした。

原発事故が起きた当初は、たしかに、日本中のほとんどの人が「社会が変わる」と確信したと思います。私もそのひとりでした。金、経済、効率……。そんなものより大切な何かがあるはずだ、と老若男女を問わず多くの人たちが反原発運動に立ち上がった。

ところが、あれだけの人たちが問題意識を持っていたはずなのに、いつの間にか運動は沈静化してしまった。あげく原発を再稼働するという。その原因も、経済最優先という日本社会の原理原則に忠実に従っているわけですね。

再稼働の論理を私なりに解釈すれば、原発を動かしても経済が上向くとは限らないけど、止めたままだと落ち込んだままだから、取りあえず見切り発車で動かしてみようということです。そんないい加減な決断なのに、「経済」という錦の御旗を立てると多くの人が納得する。震災後、あれほど大切だと痛感したはずの命、生活、自然はいったいどうなったのかと感じてしまいます。

三・一一後のグローバル社会

関野　経済を優先するために原発を再稼働しなければ、と主張している人たちの根拠は、山極さんが指摘したように「国際競争力」です。グローバル経済体制のもと、国際競争力が弱まると日本経済が失墜して悲惨な状況がもたらされると頑なに思い込んでいる。しかし、国際競争力を高めて他国と経済的な優劣を競っていても、これまでの社会と何も変わらない。人間社会には有害な「勝ち負けの論理」を超えることもできません。

では、どうすればいいのか、どう考えればいいのかというと、私は、いまのグローバル社会をわれわれがどう捉えるか、という問題があると思うんです。

よく「グローバリゼーション」という言葉と「グローバリズム」という二つの言葉が使われますね。何となく同じような概念で捉えられて、ごっちゃに使われているようですが、私に言わせれば、本質はまったく違う。

まず、グローバリゼーションは、人々の国際的な結びつきや文化的な交流を示します。相手を知り、交流することで互いの痛みを分かち合ったり、多様な文化や慣習に共感したりできる可能性を秘めていると思う。いまのグローバル社会はそれができる社会なのだから、私たちはこれを推進していけばいいと思うんです。

しかし、問題はもう一方のグローバリズムです。〝イズム〟ですから、グローバリズムはイデオロギーです。ソーシャリズムなら社会主義で労働者中心の社会。キャピタリズムなら資本主義で資本家優先の社会。では、グローバリズムは誰が中心の社会なのか。ずっと考えてきました。

私が出した答えは、企業。とくに欧米が資本の多国籍企業です。いま世界の富の半分以上を上位一パーセントの富裕層が有しているといわれています。最もわかりやすいのはアメリカで、上位〇・一パーセントが下層の九〇パーセントを合わせた以上の財産を持っている。グローバリズムは、この多国籍企業を主役として優先する社会をさらに押し広げようとするイデオロギーなわけだから、それを是とするのか否とするのか、われわれは根本から考えなければいけない。

山極　そうなんですが、いま「グローバリゼーション」と呼ばれて進行している状況を端的に定義すれば、これは「価値の一元化」です。

たとえば、コーヒーはいま世界各地の原産国で作っていますよね。しかし、価格を統制しているのは国際企業や多国籍企業です。その価格いかんによっては、原産国で生産すればするほど生産者は貧しくなっていく。逆に価格設定が合えば、原産国の労働者も儲けることができる。けれど、価格が多国籍企業に握られているわけですから、原産国の労働者にはどうすることもできません。当然、国際企業は利幅を広げて儲けようとしますから、労働者は無理を強いられて貧しくなる一方です。

だから、そうしたグローバリゼーション——価値の一元化に抵抗する動きとして、国際企業に頼らずに生産者と消費者を直接繋ぐ「フェアトレード」なども出てきたのでしょう。関野さんがおっしゃった、各国で小規模農業の見直しが進んでいるという話なども含めて、これは当然の動きだと思います。

関野　しかし、われわれの足元を見ると、日本はそうした新しい動きとはまったく無関係に、ひたすらアメリカと同じ道を歩んでいるようにしか思えませんね。

現に、いまは日本も確実に、少数のエリートが富を支配する社会に向かっています。国民の大多数を、政府や企業に逆らわない、知識も富も持たない単純労働者にしようとしている。それは非正規雇用の労働者が増えるような政策を打ち出していることからも明白です。

高度経済成長期の日本企業は、安価な労働力を求めて中国に進出しましたが、やがて中国経済が成長して労働賃金が上がるとタイやインドネシアに行き、次はバングラデシュへと進出したあげく、結局は工場を日本に戻すしかなくなった。日本人労働者なら、企業の安全もある程度保証されるし、品質の管理も徹底できる。戻ってきて労働市場を日本に求め直すことにはメリットもあったはずです。それなのに企業は人件費を増やしたくない。その結果、少数のエリート以外の日本人は、外国工場の労働者と同様、安価で取り替え可能な労働力として使われ始めた。これからさらに、この傾向は強くなるのではないでしょうか。

山極　ぼくは、そうした状況がある一方で、いまはグローバリゼーションに対抗する概念として各国で「多民族多様性」が語られていることに注目したいと思っているんですね。このまま現在の状況が加速すれば、各地で独自の文化を築いてきた先住民たちマイノリティーは、存在そのものが消えていくしかありません。先進国でも、この価値の一元化に抗する多様性追求の思想を実現していかないと、この「管や線だらけ」の、人間性から離れた社会が加速するだけだと感じています。

しかし、おっしゃるように日本では、三・一一の衝撃の反動なのか、命、自然、生活、そして人間はどこから来て、どこに行くのかといった本質的な議論は低調になってしまった。反原発や反グローバリズムなどの一時は大変盛り上がって議論されたテーマも口に出しにくくなっている。

教育に話を戻せば、大学も同じなんですよ。

教育や大学の役割についての本質的な議論はされずに、社会のために大学があるのか、あるいは個人のために大学があるのか、この二者の間で揺れ動いています。

日本の大学は、もともとは官吏養成学校でした。しかし同時に、良識ある市民を作る場でもあった。本来、二つの役割があったんです。だからこそ国立大学が最初にでき、誰もが学べるように国が授業料の支援をした。そしてそこに国民の税金が投入されていた。

国民も、そんな大学に期待しました。大学は未来の社会を築ける良識ある市民を育てる場であり、国を支える官僚を作る役割を担う場だと考えていた。

けれど、いまは違います。学生の親が、授業料を払うんだから自分の子どもの将来に役立つ教育をしてくれと主張してくる。社会のことは一切無視して、個人のこと、自分の子どものことしか考えていない。

関野　たしかに、教育を単なるサービス業として捉えるような風潮を、最近はことさら感じますね。

山極　国民が、大学が公共財であるということに無自覚になったわけですね。私はお金を出したんだから、ということでしか考えられなくなってしまっている。

しかし、そんななかでも国立大学は国民の税金を使っているわけだから、世間の要求には応える必要があるわけです。ここでいう世間とは、個人の集まりでもあると同時に、企業でもある。そして個人は大学にすぐに役立つ能力の賦与を求め、企業はすぐに役立つ人材を求めている。いずれにしても世間は目先のことしか頭にないわけで、その要求に大学は翻弄されているのが現状です。

関野　時間をかけて醸成される知力や能力よりは、学生は即効性のあるスキルを求め、企業は資格やスキルを持つ学生を欲しがっている。そして、その目的はお金だというわけですね。

山極　そう。端的に言えば、雇用する企業も仕事を求める学生も、すぐにお金を稼げる能力、スキルを求めていると言ってもいいでしょう。だからいまは、行きたい大学、学びたい学部ではなく、自分の偏差値に合う大学を受験する学生が増えた。たとえば、医者になりたいわけではないんだけど、偏差値が高いから医学部に進む。医者ならステータスが高くてお金を稼げそうだから……。ただそれだけの話です。

知力を磨き、未来の社会を築ける良識ある市民になろうという気風はもちろん、関野さんが探検家を目指したようなロマンも情熱もない。この大学の現状を見ても、日本人の「品位」が落ちてしまったんだなと思います。そういう世間と、戦っているわけではないんですが、何とかしたいという気持ちは持っています。

人と結びつくために

関野　山極さんはいま大学を例にとって、人間の「品位」も落ちたと言われましたが、それもたしかにグローバル化がもたらした現象のひとつですよね。そして品位が失われた直接の原因は何かと考えてみると、さっき話に出た「世代間で行われていた教育」が失われてしまったことが大きいのではないでしょうか。

それまでは、後輩が先輩から、若者が年寄りから、文化や慣習、技術を学ぶことは品位を身につけることでもあったわけです。しかし、グローバリズムの影響で、品位を示してくれた年寄りたちの役割は喪失してしまった。ネット時代になるまでは世代ごとに役割があって、とくに年寄りは知識や経験の宝庫だから最重要視されていたのが、そうではなくなってしまった。

これは日本や先進諸国だけの話ではありません。私はむしろ、発展途上国に行くたびに、年寄りが評価されなくなっていることを実感しています。世界中のどんな町でも、都市化が進めば、年寄りの知識や経験や技術は生活上も必要なくなり、インターネットやパソコンのほうが役に立つわけですから。

しかし、たとえばアラスカの、クジラやセイウチを捕っているエスキモーの村などでは、年寄りへの評価が都市部とはまるで違います。まず獲物を探すのは年寄りの役割です。経験や知識を積み重ねた彼らは、気候や自然環境、状況によって獲物がどのあたりにいそうか的確に推測できる。さらに、獲物を引き上げたあとは解体を指導する。「もっと右にナイフを入れろ」とか「骨の肉はこう外せ」とか。そして、そんな年寄りの指示に若者が従っているんです。

イヌイットの村に限らず、そうした場では、年寄りが生き生きとして、文化や伝統、自分たちのアイデンティティーを次の世代に受け継ぐ教育の役割も果たしているわけなんですね。

山極 日本でいえば、そうした場の役割をいまも辛うじて果たしているのが、お祭りですね。

お祭りでは、昔から伝わっている器や衣装などさまざまなものがあって、若者たちは共同体の一員としてお祭りに参加するためには、さまざまな作法を学ばなければなりません。その教師となるのが年寄りです。年寄りがいなければ、祭りの意味も作法もわからなくなってしまう。

イヌイットの捕鯨も日本のお祭りもそうだけど、かつてはさまざまな価値や文化を上の世代から下の世代へ受け継いでいく装置を、それぞれの地域社会が持っていた。しかし、それがなくなると、世界中すべてが一面的で価値観も同じという薄っぺらな世の中になってしまう。これからは、価値や文化を上から下の世代へと受け継いでいく装置を、作為的にでも作っていく必要があるかもしれませんね。

関野　たしかに、教育という観点からも、それは現代社会の課題だというふうに私も考えています。つまりは「人との繋がり」を教え学ぶための装置をどう作るかということですよね。付け加えれば、イヌイットの捕鯨にしても日本の祭りにしても、世代間の教育だけでなく、人と人との繋がりを作り強める装置でもあって、それが社会の原点でもあったわけですから。

山極　そこなんです。しかし、じつをいうと、ではなぜ人は人との繋がりを大切にしなければならないのか、その点について、ぼくはずっと疑問を持って考えていたんですね。

アマゾンの先住民の人たちも、ぼくが出会ったアフリカの狩猟採集民たちも、じつはひとりで何でもできる。彼らは幼いころから父親たちに森林で生きる技能や知識を教わり、経験を積んでいるから、自然のなかに入って木を切り倒して椅子も机も作れるし、家も自分で建てられる。魚も釣れるし、畑を耕して穀物も作れる。ひとりで生きていけるんだけど、仲間と協力して喜びを分かち合う。

アフリカの狩猟採集民は、自分で矢も弓も網も作れるんだけど、わざわざ持っている人から借りる。すると道具を貸してくれた人と獲物を分けるようになる。道具作りも狩りも、ひとりでやれば獲物を独り占めできるんだけど、あえてそれをしないわけです。

そんなふうに、ひとりで生きていけるはずなんだけれど、ひとりではすべてをやらずに何かを人に頼ろうとする。同時に自分も人に力を貸す。そんな彼らの関係性を見ていて、面白いなと思うと同時に、人間らしい生活だなと感じました。そんな人々のあり方を間近にしたとき、役割をあえて分担して協力するのが、人間にとってとても大切なことなんだなと、あらためて気づかされたわけです。そんな人間関係が基盤となって、社会を円滑に機能させてきたんだなと。

関野　狩猟採集民にとっては、それが人と人との繋がりを維持するための装置で、基本的な「人間の暮らし」だといえるのかもしれませんね。

グローバリズムに抗する術

関野　いまのお話で出た「役割をあえて分担して協力するのが人間にとって大切なことだ」という点ですが、最近は「シェア」という言葉がよく使われますね。これには山極さんがいま語ったような〝共有する〟〝分かち合う〟という意味がある。しかし経済界ではこれを市場占有率という意味でしか使っていません。それは奪い合いを意味します。

言葉は同じですが、用いる人の立場によって、奪うのか分け与えるのか、対極の意味になる。どう捉えるかで人の繋がりも大きく変わってくるわけですが……。

山極　企業が「シェアを確保する」と言うとき、それはどこでリソースを取ってくるかという意味にもなります。これは大きな自然破壊に繋がりますよね。同時に、自然と共存して生きている人を圧迫する。彼らの生活を変えてわれわれの世界の価値に染めていく。結果として、彼らを自然から引き離すわけですが、先進国のわれわれのような〝贅沢な暮らし〟を約束するものではない。

関野　そうなったら、自然に寄り添うような人たちもグローバリズムに巻き込んで、格差がどんどん広がっていく。われわれの世界と同様に、彼らの間の「人の繋がり」も失われてしまう。いや、それはすでにもう始まっています。

ここでまた話を戻しますが、いまは山極さんが言うように多くの日本人が「グローバリズム」「格差社会」という言葉に脅されていると感じます。経済を立て直さなければ、開発途上国みたいな生活になってしまうぞ、と不安を煽られている。しかし、このままでも格差は広がり、経済的中間層はなくなり、一部のエリート以外は低賃金で雇われるようになるのは目に見えている。

ほかの道がないように思い込まされていますが、私は道は無数にあると思うんですね。

先ほど出たフェアトレードもそうだし、再生可能エネルギーを使うこともできる。あるいは地方に戻って一次産業に従事するという手もある。「グローバル」「グローバル」と騒がしい世間をよそに、大切なのは地域、ローカルなのではないかと気づき始めた若者も増えている。

アンデスやヒマラヤなどの農耕社会は、五百人から六百人でひとつのコミュニティーを形成しています。とすると、ひとつのコミュニティーで百家族くらい。日本の国内でも、その程度の規模のコミュニティー同士で連携する方法もある。

ただ、現代の日本でそれを実現させようと考えたとき問題となるのが、食料の自給とエネルギー供給です。東京や大阪など人口が集中している都市に住んでいると、どうしても土地がないとか住む場所がないとか考えがちです。ところがこれも日本全体を見渡せば、空き家も耕作放棄地もたくさんある。ある規模のコミュニティーを作って農耕ができれば、原発や化石燃料に頼らなくても再生可能エネルギーを利用して、ローカルな文化に根を張って十分にやっていけるはずなんです。そうやってグローバリズムに巻き込まれずに生きる手もある。

山極　いまは風力も水力も太陽光もありますからね。すでに実際、そんな生活を始めた人も多いと聞きます。

関野　いま日本は人口減少が社会問題になっていますが、人口減少そのものはデメリットではないんですよね。問題は東京に人が集まりすぎていることです。いま、地方の老人福祉施設はベッドが空いて困るほどなのに、東京にはベッドがない。それはかつて若者たちが地方を飛び出して東京で老いていくからで、その確実な需要を狙って、地方の老人福祉施設の経営者は東京にばかり次々と新しい施設を作ろうとする。すると介護の担い手になる若者も地方を出て東京に来るしかない。

日本の人口構造は明らかに歪《いびつ》で、しかも破綻が目に見えているのに強引に誤った道を進んでいるようにしか見えません。そのうえ、二〇二〇年に東京オリンピックを開催することで一極集中をさらに加速させようとしている。進むべき未来に逆行しているとしか思えませんね。

山極　その一極集中を解消する手立てとして、私はかつて「二重生活の勧め」というアイデアを提案したことがあります。

これだけ交通機関が発達しているんだから、東京に住んでいる地方出身者は週末ごとにそれぞれの出身地方に戻ることができる。だから週末は東京を離れて、自分が生まれ育った場所のコミュニティーの一員になって、農作業したり、雑木の枝切りをしたり、お祭りに参加したりしてはどうか。それくらい余裕のある生活設計をみんなができれば、東京の人口は半分になる――というアイデアです。

地方も、東京に出ていった人たちが住民登録をしてくれれば、税収が増えるから社会福祉に回せる予算も確保できる。そして子どもは田舎で育てる。そうすれば人口構成のバランスもよくなるし、日本社会が抱える問題の根本を解決できる。もちろん企業の協力も必要です。会社は社員にそれだけのお金と時間を与える。ワークシェアというなら交代制で時間を捻出すればいい。

関野　それは世界屈指の交通網を持っている日本だからこそ実現可能な、面白いアイデアですね。付け加えれば、東京で老いた地方出身者が地方に戻って施設に入るという流れができてもいいですね。介護事業従事者の賃金格差などをなくすることで若者の流出を食い止め、地方の施設への需要と供給が増えていけば、一極集中解消の一助になるでしょうから。

それと、これは先日、養老孟司さんと対談をしていて聞いた話なんですが、地方の過疎化については養老さんもかなりポジティブなことを語っておられました。いまの日本では過疎化が問題だとされているけれど、過疎が行き着くところまで行くと、上の世代のいなくなった村には若い人たちが入っていくようになるはずだ。農業に適した土地が余ってくるから、そこで農業を楽しむ若い人たちが出てくるはずだし、実際に目立たないだけで、すでにそういう若者たちは増えているんじゃないか――。そうおっしゃるんですね。

そしてさらに、こんなことも言っておられた。現代人に必要なのは、せめて一日に十五分でいいから、人間の作ったものではないものを意識的に眺めることだ。木や土、雲でも虫でもいい。そうすると人は自分が生きていることの本質をおのずと考え始める。そんなふうに自然に対して素直になれば、何かを植えて育てることに誰もが喜びを感じられる。まずは農業を楽しむこと。その原点に立ち返ることが必要だと思う、と。これ、楽観的ですが、当たってはいますよね。私もこうした考えを原点に将来を模索していけば、悪しきグローバリズムや格差社会の蔓延を食い止めることは可能だと思うんです。

山極　そう。関野さんがおっしゃるように、グローバリズムに抗する道はいくらでもあるわけですよ。それなのに「地方創生」とか言ってやっている政策なんて、お金をポンと与えるだけだから何も起こらない。いまの日本には、都市での働き方の仕組みそのものを変えていく勇気が必要なんです。そこまでしないと一極集中は変わらない。

再発見すべき伝統の技術や装置

関野　いまの山極さんの「二重生活の勧め」や養老さんの提言などは、グローバル化のなかで孤立していく人と人との繋がりを見直すうえでも、非常に意味のある提言だと思うんです。話は行きつ戻りつしますが、その人間関係を、これからいかに結び直して維持していくかという点については、やはり伝統的な暮らしのなかにヒントを求めるしかない。そこにどんな「装置」が作られていたのかを発見することが大事だと思うんですね。

先ほどは、山極さんがアフリカの狩猟採集民を例に出して、彼らは自分ひとりで弓も矢も網も作れるけれど、あえてそうはしない。わざと持っている人から借りて、貸した相手と捕った獲物を分けようとする。そんな役割の分担と協力が人間関係の基盤になって社会を円滑に機能させてきた、という指摘がありました。

私はそれが、彼らにとって人と人との繋がりを維持するための「装置」だと見るわけですが、そうした視点から振り返ってみると、私が関わったヤノマミの社会にも、そういう装置は同じように備わっていました。

ヤノマミの人たちには大切にしているものが三つあります。ひとつが嚙み煙草。貧乏であることを「私は煙草がない」と表現するほど日常生活に嚙み煙草が浸透している。そして二つ目と三つ目がハンモックと矢軸です。

彼らは、集落を囲むように作った大きな円形の家屋に、だいたい百人から百五十人くらいで住んでいる。ここでは、A、B、Cという親密な村が三つあると仮定しましょう。A村では煙草を作ることができるのに作らない。B村ではハンモックを、C村は矢軸を作らない。となると、それらは生活には欠かせないから、ほかの村から譲ってもらうしかなくなるわけです。それで常に訪ね合ったり、交易したり、プレゼントし合ったりして繋がりを保ち続ける。そんなことを、個人間でも村同士でも行っているわけですね。自給自足の形にすれば、生活も楽で面倒くさくないはずなのに、わざわざ作為的に補い合って、頼り合って生きている。そこに人と人との繋がりを維持する知恵があり、社会的な装置が働いている。その基本はいまでもそうなんですね。

山極　アフリカでは、どんなジャングルの奥地にある村に行ったとしても、いまや現代文明とは無関係に生きることはできません。ぼくが足を運んだ奥地の集落でも、最近の若者たちは伝統的な生活を忘れている。いや、忘れるというよりも、知らないと言ったほうがいいかもしれませんね。

たとえば、老人たちはヤシの葉っぱで編んだ見事な屋根を作ることができる。雨が一滴も漏れないほど、精緻でしっかりしているうえ、半年も保《も》つ。けれど、そういう技術が若者たちには受け継がれていないんです。最近では、ヤシの葉の屋根の代わりにトタン板が使われるようになりましたが、若者たちはそれを町へ行って買ってくるわけです。

ただ、トタン屋根は伝統のヤシ屋根に比べて、雨が降ると音がうるさいし、直射日光のせいで室内はとんでもなく暑い。ぼくはなんでこんな家に住まなきゃならないんだと思うけど、若者たちは新しいトタン屋根がいいんでしょうね。

そこで思い出すんですが、関野さんは二〇一一年に手作りカヌーで三年間かけてインドネシアから石垣島までを航海する『海のグレートジャーニー』を成功させましたね。舟作りから航海を追ったドキュメンタリー映画を見ましたが、そのなかに、とても印象に残る場面がありました。太古の昔に使われていたであろう手作りの丸木舟を、インドネシアで再現しようとしたとき、帆を作る技術が三十年以上も途絶えていた。そこで関野さんたちは帆を作る経験と知識を持つ年寄りたちを探しましたよね。

関野　そうです。かつてはインドネシアのスラウェシ島では、ラヌというヤシの若葉の繊維から、帆を作る技術がありました。しかし現在では技術を持つ人がなかなか見つからなくて困っていました。なんとか年寄りを探してきて、織ってもらうと、年寄りたちは生き生きと教えてくれた。

山極　それはとても重要なことですね。映画を見ていて「いいなあ」と思ったのは、年寄りだけでなく、失われつつある技術の復活を目の当たりにした村の若者も喜んでいたこと。そこがとても印象的だった。

関野　そうですね。若者たちもそのとき、自分が生まれ育った村の文化や伝統に初めて触れたわけで、昔はこうやって暮らしていたのか、と初めて知った。そしてそれが嬉しかったんだと思います。

彼らの姿を見ていて、スラウェシ島だけでなく、日本各地でも同じように失われた技術や知恵はたくさんあるんだろうな、とあらためて思いました。それを知るところから始めていけば、その奥に何があるのか、まだ見えない大事なものが見えてくるんじゃないかと思うんですね。

山極　関野さんは『海のグレートジャーニー』で、舟だけでなく旅の道具もすべて自然のなかから集めて旅をしようとした。すると一緒に旅をするスラウェシ島の若者が「日本人は便利な物をたくさん持っている。それで旅すればいいじゃないか。なんでわざわざ面倒くさいことをするんだ」と言っていましたね。その若者に対して、古くから伝わる航海技術を持つインドネシア人船長は「面倒でも伝統的な技術は重要なんだ」と説くようにして語っていた。

なるほど、と思いました。便利な道具が溢れている現代で、あえて伝統や失われつつある古い技術にこだわる。関野さんは旅を通して現地の人たちにも問題意識を投げかけた。現地の文化にも大きなインパクトを与えた旅だったのではないでしょうか。

そう考えると、『海のグレートジャーニー』というプロジェクトは、グローバリズムのもとで合理性や経済効率性ばかりが求められる現代にあって、断絶されつつある世代間の関係を結び直し、失われかけた伝統や文化を受け継いでいく装置でもあったのではないかと思います。

そこで次章では、関野さんの『グレートジャーニー』、そして『海のグレートジャーニー』がどんな旅だったのか、あらためて振り返ってもらうことにしましょうか。

第六章　旅の原点

「グレートジャーニー」を旅する

山極　まず、関野さんが『海のグレートジャーニー』を始めた動機は何だったんですか？

関野　そもそもは、私が足かけ十年をかけてやった旅と、発想の原点は同じです。アフリカで誕生した人類が地球上に広がる過程で、アフリカから最も遠い南米大陸の最南端にまで達した人々の、世代を継いだ移動の旅を、イギリスの考古学者ブライアン・フェイガンは「グレートジャーニー」と名づけましたが、私はその人類移動の最長ルートを逆コースで辿りました。

なぜそんな旅を発想したかというと、学生時代からずっと抱いていた疑問が根底にあったわけです。これまでも語ってきたように、私は学生時代から約二十年間、南米に通い続けました。主にアマゾンやアンデスに通って先住民と付き合うなかで、彼らはわれわれ日本人と顔つきや背丈、体格だけでなく、性格や仕草まで本当に似ていると気づいたんです。

もちろん、アフリカを出た人類の祖先が、ユーラシアを横断してベーリング海峡を越えて南米最南端に達したという知識は当時からありました。だから彼らがわれわれアジア圏の人々と似ているのは当然だとも思っていました。しかし、長く交流するなかで疑問が湧いてきたんです。この人たちは、いつ、どのようにしてここまでやってきたのか。そして彼らが長い距離を旅した理由は何だったのか――それを知りたくなった。

それも、単に知識として知るだけではなく、太古の旅人が感じたであろう暑さや寒さ、大地に漂う埃《ほこり》や風の匂いを、身体ごと追体験して知りたくなったわけですね。知るといっても、ただの知識として知っているのと実感として理解するのでは大きく違うわけですから。

それで一九九三年に南米大陸の最南端を出発して、アラスカ、シベリア経由でアフリカ大陸を目指したのですが、じつはその旅のさなかにも、ずっと考えていたことがあったんです。自分は二十代のころから南米に通い詰め、いまはアフリカを目指しているけれど、振り返れば自分の足元――生まれた場所である日本をあまりにも知らないのではないか。そんな思いが、終着地のアフリカに近づくに従って強くなり、もっと足元を見たいという気持ちが、抑えようもなく募ってきました。

ですね。

山極　自分の生まれ故郷から遠く離れたことで、自分のルーツを知りたくなったわけですね。

関野　そうです。それでグレートジャーニーの旅が終わったあとで、私自身がどこから来たのか知りたくて、自分のミトコンドリアDNAを調べてみました。すると検査の結果、「t7b」という型であることがわかった。これは北海道の有珠山《うすざん》や礼文島《れぶんとう》の縄文人と同じで、原日本人といってもいいタイプです。

ミトコンドリアDNAは母親から受け継ぐと考えられています。私は母親と同じ型だけど、父親とは違う。母方の祖母とは同じで、祖父とは違う……。そんな形で受け継がれていく。つまり母方のルーツは北方の縄文人だったと推測できるわけですね。で、それがわかると、次は縄文文化を知りたいと思った。いまも縄文的な生活——狩猟採集や焼き畑などを行っているのは、どこにいるどんな人たちなのか。そんな関心から日本を歩き始めました。北海道のアイヌや東北のマタギ、鷹匠……。いまなお縄文的な暮らしを続ける人たちのもとに通うようになりました。

同時に、アフリカで生まれた人類がどのようなルートで日本列島に辿り着き、定着したのか。それを検証する旅も始めました。その最初が、シベリアからサハリンを経由して北海道に至る「北方ルート」の踏査です。

中国やモンゴル、シベリア、サハリン、北海道では「細石刃《さいせきじん》」という替え刃式の石器が出土しています。このことから、その地域を同じ文化を持つ人々が移動してきたと想像できるわけですね。考古学的にも北方ルートの存在は裏づけられているわけです。

つまり、日本人の先祖の一部は、シベリアから間宮海峡を越えてサハリンを南下し、最後に宗谷海峡を越えて北海道に渡ってきた。それも、サハリンや北海道で見つかったのは約二万年前の細石刃で、二万年前といえば、氷期のまっただなかですから、彼らはおそらく冬期の凍った海峡を歩いて渡ってきたのでしょう。あるいは、地球温暖化で海面が上昇している現在とは違って、当時はいまより海面が一二〇メートルも低かったのがわかっていますから、シベリアから地続きで半島になっていたサハリンと北海道へは夏でも渡ってこられたのかもしれません。

山極　その渡ってきた人たちは、いわゆる「オホーツク人」とは関係があるんですか?

関野　私は彼らがオホーツク人の先祖だと考えています。読者のために説明すると、かつてオホーツク海で漁労や海獣猟を行っていた海洋民がオホーツク人です。五世紀から十三世紀にかけて北海道の北部や東部、サハリン南部を中心に沿岸部に多くの遺跡を残しました。けれど、謎の多い民族で、じつはそのルーツは明らかになっていないんですね。

これまでアイヌ民族説、シベリアのアムール川沿岸やサハリン北部に暮らす先住民ニヴヒ説、アムール川の下流に生活するウリチ説、すでに消滅した民族集団説という主に四つの説があり、議論が交わされてきました。

余談ですが、北海道には同時期には縄文人の流れを汲む続縄文人や擦文《さつもん》人が暮らしていたことがわかっています。

謎に包まれていたオホーツク人ですが、二〇〇九年に北海道大学の研究チームが遺伝子解析に成功しました。それで、サハリンのニヴヒやアムール川のウリチと遺伝的に近いことが明らかになりました。北海道大学のチームはさらに、アイヌ民族の成り立ちを「続縄文人、擦文人とオホーツク人が関わったと考えられる」と推測しています。

いずれにしても、自分のルーツだと考えられる「北から日本列島にやってきた縄文人」の足跡を辿ったのが、私の北方ルートの旅でした。その旅では、ニヴヒやウリチの人々に大変お世話になりました。

それで、次に私が取りかかったのが、中国から朝鮮半島を経て日本列島に至る旅です。私はそれを「中央ルート」と呼んでいますが、この朝鮮半島経由のルートで日本にやってきたのは、ヒマラヤ山麓から直接に中国、朝鮮へと歩いてきたグループだけでなく、ヒマラヤ山麓からインドシナ半島にまで行って、そこから陸路で北上したグループもいたのではないかと考えています。

山極　関野さんの旅は、ただ移動するだけではなく、現地の先住民たちと関わっていく。そうやって日本人の祖先が日本列島にやってきたルートを踏破して、最後に残ったのが、南からの海上ルートである『海のグレートジャーニー』だったわけですね。

関野　ええ。日本人が来た道は陸路だけではなかったのは最初からわかっていました。つまりインドネシアから、あるいはインドシナから海を北上して、フィリピン、台湾を経て沖縄に至る海の道があった。

ただ、北方ルートと中央ルートには、細石刃など遺跡からの出土品に代表されるように、太古の人々の移動を裏づける証拠があるけれど、海上ルートには証拠がないのが現状なんです。そのせいか、南からの海上ルートはなかったと主張する専門家も多いんですね。

山極　専門家たちは、どんな根拠で海上ルートがないと主張しているのでしょう。

関野　ひとつは舟を作る道具が見つかっていないこと。フィリピン北部では丸鑿石斧《まるのみせきふ》という舟を作る石器が発見されていますが、時代が新しいんですね。それともうひととつは「危険だから」という理由です。新しい土地に移住していくのには、家族単位で移動しなければ、そこで子孫は残せません。つまりリスクが大きい海上ルートを、われわれの祖先は選んだだろうか、という疑問が呈されているわけですね。家族を連れた旅ならば陸路のほうが安全だろう、だったらリスクを回避するのが自然なのではないかと考える人たちが大勢いる。

山極　なるほど。納得できる話ではありますね。

関野　でも私は実際に旅をしてみて、海のルートは決して危険ではないと確信したんですね。たしかに、インドネシアからフィリピンを一気に目指すのなら危険です。いや、危険というよりも無謀です。よほどの運がない限りは、みな海の藻屑となってしまったでしょう。

けれども、実際に旅をしてみると、その考え方の前提自体が間違っていたのではないか、と皮膚感覚、身体感覚で感じるようになりました。

インドネシアと日本を結ぶ海上の道には、無数の小島が点在します。彼らは陸から見える次の小島を目指した。それも数世代に一度だけ家族を連れて移住する。移住した島では、何年も何十年も海や天候の状況を観察して熟知していくはずだから、風向きや潮流、季節などを選んで、歳月をかけて次の島に移動すれば、さほどのリスクは伴わなかった。最初は実際に旅をしてみて偵察したり、安全を確かめたりして、家族を守るために無茶なことをせずに万全を期す方法を講じたうえで、本番の移住の航海に出たのではないかと考えるようになりました。

すべてが手作りの旅

山極　『海のグレートジャーニー』が画期的だったのは、太古に使われたであろう舟を再現しただけでなく、舟を作る道具である斧《おの》やナタ、チョウナを自分たちで集めた砂鉄から作ったこと。なかなかできることではありません。しかもいままでの関野さんの旅のスタイルとも違う。一から旅するとでもいえばいいのかな。なぜそんな形の旅をしようと思ったんですか?

関野　正直に言えば、いままでのような旅には飽きてきていたんです。その前の『グレートジャーニー』では、自分の脚力や腕力、あるいは馬や犬ぞりなどその土地の動物しか使わないという移動手段にこだわって、旅に〝縛り〟をかけていたんですが、長年旅を続けたせいで、旅の結果というか、旅で得た実感による自分の変化があまり感じられなくなった。言い換えれば、目から鱗が落ちるような〝気づき〟の体験がなくなっていたんです。

だから、北方ルート、中央ルートで日本人の来た道を辿ったあとは、同じテーマでもまったく新しい形の旅に挑戦したかった。自分の腕力にこだわって、グラスファイバーやプラスチックのカヌーでインドネシアから日本まで漕いでもよかったのですが、何か物足りなかった。

そこで、『海のグレートジャーニー』では、太古の人々の旅にできるだけ近づけるという〝縛り〟を作ったわけです。

そして、太古の木造船がどんなものだったのかを知るために、それに近いものが残っていないか探そうと思ってインドネシアのスラウェシ島（セレベス島）に行ってみたのですが、残念ながら見つからなかった。スラウェシ島は〝舟の博物館〟といわれるほどさまざまな木造船の製作技術を持つ島なんですが、熱帯なので竹や木が腐ってしまって、古い木造船やカヌー、イカダなどは残っていないし、技術も伝わっていないんですね。

となると、太古の人々がどんな舟を使っていたのか想像がつかないし、ましてや再現もできない。日本では縄文時代のカヌーがけっこう残っていますが、しかしそれらは縄文文化を担った人たちが作ったカヌーであって、それに乗って日本列島にやってきたわけではない。『海のグレートジャーニー』は最初から暗礁に乗り上げたわけです。で、それなら、というので次に考えたのが、「縄文時代あるいは旧石器時代には、人々はどんな条件でものを作っていたのだろうか」ということでした。当然ながらその時代には、素材はすべて自然のなかから取ってきて、どんなものでも自分たちの手で作っていたわけですよね。だったら、それをコンセプトにカヌー作りもしてみようかと思い立ったわけです。

山極　なるほど。そこで道具に着目したわけですね。

関野　ええ。それで当初は、フィリピンの遺跡から舟を作るための丸鑿石斧や貝斧《かいふ》が出土しているから、石器でカヌーを作ろうかと考えましたが、それだと作れる舟の耐久性などに問題があって、大海原を五〇〇〇キロも航海するのはどうかな、と不安で諦めざるをえませんでした。

それでも、カヌーとそれを作る道具を、自然のなかから自分で取ってきて作るというコンセプトだけは守ろうと思ったので、次に考えたのが鉄なんですが、森から木を切ってきて舟を作るには斧、ナタ、鑿《のみ》、チョウナが必要なんですね。そこでまず、鉄を作るための鉄鉱石をどこかで採掘しなければ、と思っていると、出雲に行けば砂鉄から「たたら製鉄」で鋼を作っているということがわかりました。日本刀は新日鉄や神戸製鋼所の鋼からは作れず、たたら製鉄でできる玉鋼《たまはがね》から作っていることもわかった。すぐに奈良の東吉野の刀鍛冶、河内國平さんを紹介してもらって訪ねました。

河内さんは歓迎してくれ、なおかつ道具作成に協力してくれると言います。出雲のたたらの棟梁を紹介してもらおうと思ったのですが、「いや、出雲まで行かなくてもいいよ、東京でたたら製鉄の指導をしてくれる人はいるよ」と言って、さっそく東京に電話をしてくれました。

電話の相手は、当時東京工業大学の金属の教授をしていた永田和宏さんでした。すぐに電話を代われというので受話器を渡されました。永田さんは受話器越しに協力を約束してくれました。

そのとき、「作りたい道具はトータルで何キロくらいになるの」と尋ねられたので、「五キロくらいです」と答えると、だったらムサビ――私の勤務校である武蔵野美術大学の金属工房で指導したいが、集めておいてほしいものがある、と言うんですね。

「砂鉄一二〇キロと炭三〇〇キロを集めてほしいが、江の島や湘南の砂鉄はダメだよ。イオウとかチタンとかの不純物が多いからね。利根川や九十九里海岸で採れたものがいいな。それから炭もスギやヒノキを焼いたものではダメだよ、軽くてすぐ燃えてしまうんだ。岩手に行ってマツを焼きなさい――」

それを聞いて、五キロの鉄の刃物を作るためには三〇〇キロの木炭が必要で、それだけの炭を作るには三トンもの松材が必要だということを初めて知りました。あらためて製鉄の歴史は森林伐採の歴史なんだとわかったわけです。

この話、もちろん調べさえすれば、鉄を作るのに砂鉄や燃料がどれだけ必要か、数字のうえではわかるでしょう。だけど、そんな理解と、実際にやって実感としてわかるのではまったく違うんですね。「こんなに大変なのか」と、ひとつの〝縛り〟のおかげで旅を始める前の道具作りの段階から大きな気づきがありました。

山極　関野さんがやった自然のなかの素材を自ら取ってきて道具を作るということは、これまで何度も話に出てきたアマゾンやアフリカの先住民が日常的にやっていることでもありますよね。

関野　そうなんです。彼らは自然のなかにある材料を利用して何でも作ってしまいます。彼らの村や暮らしを見ていると、素材がわからないものは一切存在しない。家の柱も燃料の木も、屋根の葉も弓矢も籠も敷物も……すべて身近な自然のものが材料になっている。

山極　由来が全部わかっているわけですからね。しかもその物作りのプロセスすべてに自分が手をかけている。現代のわれわれの生活では考えられません。

関野　そうですよね。いま、この部屋を見渡しても、素材がわかるものなんて一切ない。着ている服も道具も同じく由来がわからない。いかにわれわれが自然から切り離された生活を送っているか、その証左です。

私は学生時代のアマゾンで、彼らと同じような技術を身につけたいと思っていました。ナイフ一本で道具や家を作り、動物を捕る技術をね。でも、アマゾンから戻って、東京で彼らの技術や暮らしがいかに貴重で優れているかを人に話すと、それを記録したほうがいいと勧められるようになりました。アマゾンの先住民たちに限りなく近づき、同化していきたいと考えていたはずなのに、いつしかそうした声に従って〝記録者〟になってしまっていた。

だからこそ、『海のグレートジャーニー』では彼らに近づけるように、記録者ではなく、限りなく当事者に近い旅をしたかったんです。いわば学生時代に憧れた旅に、六十歳近くになってから挑戦しようとしたわけです(笑)。

山極　なるほど。関野さんが探検家としての原点に立ち返ろうとした旅。それが『海のグレートジャーニー』だったわけですね。

〝偶然の航海〟が生んだもの

山極　ところで、関野さんはいまの話のように、ご自身の人生をかけて人類拡散の道を辿ってこられたわけですが、しかし人類の起源と拡散については、いまだに解明されていない謎がいくつもありますよね。

現代人であるホモ・サピエンスは二十万年前にアフリカに登場しましたが、ユーラシアの〝肥沃な三角地帯〟――現在のイスラエルあたりに到達するまで約十万年かかっているのがわかっています。そこにはネアンデルタール人も住んでいました。つまりホモ・サピエンスとネアンデルタール人は共存した状態で、大変長い期間、この肥沃な三角地帯にとどまっていた。ヨーロッパにホモ・サピエンスが初めて登場するのが四万年前ですから、五万年近い期間、そこに停滞していたと考えられてきたわけです。

ところが、じつはそのホモ・サピエンスが、アジアにはヨーロッパよりも早く到達していて、しかも五万年前にはもうオーストラリア大陸にも現れている。つまり、ヨーロッパに進出する前に、海を渡ってオーストラリアに到達するわけです。これはかなり早いですよね。

人類発祥の地であるアフリカ大陸に目を転じると、南アフリカのブロンボス洞窟では十万年前の人間が加工した海産物の化石が出ているから、すでに当時、海の幸を利用したことがわかっている。けれど、遺跡から舟の遺物が出ていませんから、海を渡れるほどの舟や航海技術を持っていたかどうかはわからない。関野さんはどうお考えですか?

関野　オセアニアに最初に到達した人々は、インドネシアまではインド洋沿いの海岸部を旅したのだと思います。氷期には、海水が氷となるので現在と比べると海面が下がっていた。そしてインドネシアの島々と東南アジア大陸は地続きだったから、徒歩での移動は可能だったでしょうね。

山極　その東南アジアからインドネシアまで繋がっていたのは、氷河期にあったスンダランドという大陸ですね。人類はスンダランドを足がかりに世界中に拡散したわけですか。

関野　そう考えていいと思います。スンダランドができたころは、いまより一〇〇メートル以上も海面が低かったわけですから。インド洋沿いにインドネシアへ渡るにしても、いま海底になっている場所を歩くことができたのではないかと推測されています。

そして、インドネシアまで最初に行った人たちが、何らかの手段でオーストラリアやニューギニアに渡ることに成功した。だからアボリジニーやニューギニアの先住民はアフリカの人たちと見た目が似ているわけですが、しかしどんな手段で渡ったのかはいまだにわかっていません。航海術を持っていたのか、持っていなかったとしたら、どうやって海を渡ったのか、大変興味深い。

山極　そう。それが人類拡散の最大の謎です。

関野　氷河期にはオーストラリアとニューギニア、タスマニア島が地続きで、サフルランドと呼ばれる大陸を形成していました。ただし氷河期でも、そのサフルランドとスンダランドは繋がったことはなかった。スンダランドとサフルランドを隔てていたと考えられるのは、インドネシアのバリ島とロンボク島を隔てるロンボク海峡から北へ延びて、スラウェシ島の西側のマカッサル海峡を経てフィリピンのミンダナオ島の南まで続く海峡の線、つまり生物分布の境界線であるウォレス線です。この線上の海域は、氷河期でも海だったことが明らかになっています。

山極　スンダランドからサフルランドに渡るにはウォレス線――つまり海を越えなくてはならなかった。しかも水深が深い。ある程度の航海技術やイカダや舟を作る技術が必要だったと考えるのが自然ですよね。

関野　私は、イカダか草を編んだ草舟、あるいは葦舟《あしぶね》を使ったのではないかと推測しています。もちろん、ずっとあとの四千年前ごろに太平洋を航海した人たちほどには高度な航海術は持っていなかったはずです。そのあたりのことは、国立民族学博物館の名誉教授の小山修三さんにもいろいろと聞いてみたのですが……。

山極　小山さんといえば、縄文時代の研究家として有名ですね。

関野　ええ。その小山さんのチームが、二つの舟を平行に繋いだ双胴カヌーの研究をしていました。ちなみに双胴カヌーは南太平洋のポリネシアの原住民などが昔から用いていた舟ですが、小山さんは研究の結果、じつに興味深い仮説を導き出しました。たまたま海に出たら津波が発生した。そして双胴カヌーに乗った家族が流されたのではないかというんです。

考えてみれば、地震のあと津波が来るとわかっていれば、陸地や港にいるよりも沖にいたほうが安全ですよね。陸地には大波が押し寄せますが、沖では大きな波のうねりにすぎません。三・一一でも港に停泊していた船は転覆しましたが、沖に逃げた船の多くは助かった。しかも津波の波は非常に速くて、チリで地震が起きたら、一日か二日で日本にまで到達するほどのスピードです。

小山さんの仮説を含めて、人類がサフルランドに辿り着いた足跡をあらためて整理するとこうなります。まずアフリカで誕生した人類は徒歩でスンダランドまで辿り着いた。そこでしばらく停滞が続いたが、ある日、イカダや草舟、葦舟などで魚を捕っていた家族が津波に遭って、一気にサフルランドに流されて漂着した——。

小山さんと話してみて、私はその可能性は十分にあるのではないかと感じました。人類は、偶然の大航海を経て新たな大陸に渡ったのではないか。意図していなかった偶然の航海によっても、人類拡散は成されたんじゃないか……と。

山極　面白いですねえ。というのも、じつはその「偶然の航海」は、サルの拡散でも明らかになりつつあるんですよ。

この対談でも何度か紹介しましたが、いま南米に棲息するサル（新世界ザル）は、すべて真猿類と呼ばれる種です。しかし南米大陸には真猿類よりも原始的な原猿類は棲んでいないんですね。ということは、そこで進化して発生したサルではなく、どこからかやってきたサルだということです。

それから、南米大陸では二千五百万年前の真猿類の化石が発見されているけれど、現在地続きの北米大陸と南米大陸は、千八百万年前までは離れて海で隔てられていた。従って、二千五百万年前の南米のサルは、その後の人類のように北米大陸から陸地を渡ってくることもできなかった。となると……。

関野　南米大陸の真猿類がどこから、どうやって来たのか、疑問が出てきますね。

山極　いま、南米の真猿類はアフリカ大陸から大西洋を越えて南米大陸に漂着したと考えられています。もちろん、サルは舟を作れません。ましてや航海技術もない。そこで可能性として考えられるのは、サフルランドに辿り着いた人類のような、偶然の航海だった。流木か何かにしがみついて海を越えたのではないか、と考えられているんです。そうやって南米大陸に渡ったサルは、やがて環境に適応し、さらに進化して多種多様なサルが棲息するに至っている。海では、奇跡のような偶然が起きる可能性があるんですよね。だから、遺跡などの証拠がなくても、日本人の祖先が旅した海のルートも十分にありうると、ぼくも思うんです。

日本人とは何か

山極　日本人がやってきた南からの海のルートが、あったのか、なかったのか、それに関連して言うと、いま沖縄が発掘ブームで人類の古い化石が次々と発見されています。古いものだと三万年前の人骨が出土している。沖縄で発掘されている人骨は、生前どこから来たのか。それを考えるうえでも、海のルートは無視できないはずですね。

関野　沖縄は、台湾とも大陸とも地続きだった時期はありません。とするなら海を渡らなければ沖縄に人は住めなかったはずです。沖縄に人類が辿り着いたのは、おおよそ三万年前から四万年前と考えられていますから、その時期にはすでに沖縄の人の祖先は航海術を持っていたことになる。これは、驚くべきことですね。

山極　ぼくは長いこと屋久島でサルの研究をしているのですが、あるとき面白い事実に出くわしました。屋久島では伝統的にサルの生け捕りに〝ドウヤ〟という二メートル四方ほどの檻を使います。蓋を開けた檻のなかに、ミカンなどのサルが好きそうなエサを置いておく。サルがエサを手にすると、蓋がドンと落ちる仕組みになっている。自力では内側から蓋を開けることはできません。

この〝ドウヤ〟と同じ罠は、じつは東南アジアにもあるんですが、日本でこの仕組みを使うのは屋久島だけなんですね。ですから、誰かが海のルートを使って東南アジアから屋久島に渡り、ドウヤという猟法を伝えた可能性が高いわけです。それがいつだったのか、伝えたのは誰なのかわかってはいませんが、人が舟で来て伝えること自体は、黒潮の力があれば難しいことではないと思いました。それほど黒潮の力は強いんですね。

関野さんの『海のグレートジャーニー』でも、とくに台湾から石垣島までは、黒潮の流れだけではなく台風の影響もあって、それまでとは桁違いのスピードで石垣島に着きましたよね。あれは黒潮の力を再確認させてくれたシーンでした。

関野　そうですね。黒潮の力は私も実感しました。ただ、あのときはフィリピンから熱帯低気圧が北上していて、出発当日に台風三号に発達した。私たちは台湾から東北東に向かって出航しましたが、黒潮だけでなく、風速一〇メートル以上の追い風が吹いたから、荒れた海のなかを猛スピードで進むことができたんです。

山極　そういう自然の偶然も、人類拡散には力を貸した。そう考えてもおかしくはないでしょうね。

関野　そうなんです。海の旅を実体験すればするほど、そうした可能性を否定するほうに無理があると思えてきました。われわれが想像する以上に、太古の人々は海を活用していたはずなんです。

古代人の海の活用ということで言えば、たとえば北海道の礼文島では三千五百年ほど前の縄文時代の船舶遺跡が発見されています。四十年ほど前、自衛隊の官舎建設のために地面を掘り返したら遺跡が出てきました。これが日本最北の縄文遺跡でした。そこで出土した遺物は、現在は島の郷土資料館で展示しているんですが、これがすごいんです。

まずは翡翠《ひすい》のペンダントがある。北海道では翡翠は採れません。調べてみると、当時翡翠を採っていた新潟の糸魚川流域の人々と交易していた可能性が出てきたわけですね。さらに九州南部以南に棲息するイモガイや、大陸にしかいないはずのヒザラガイのペンダントも出土している。

驚いたのはアスファルトです。これは矢と矢軸を結びつけるために使うんですが、アスファルトも礼文島からは出てこない。おそらくはサハリンから持ち込まれたものでしょう。これは一例ですが、礼文島に限らず、当時の人々は海の道を使って、広く交易をしていたわけですね。

山極　いまの貝の話で思い出しましたが、『海のグレートジャーニー』の映画では、関野さんと一緒に航海をしたスラウェシ島のマンダール人の船員が、どこかの海岸でタカラガイを拾っていたシーンも印象的です。彼は「日本に持っていくんだ」とタカラガイを集めていた。

特殊な貝は、通貨やアクセサリーに使われた歴史があります。アフリカではつい最近までタカラガイは通貨として用いられていました。いまも首飾りやブレスレットなどに使われている。沿岸部だけでなく、内陸部にも伝わっていた。マンダール人の船員にも、まだそんな感覚が残っているのかな、と感じました。

いずれにしろ、ある時期から人々は海を利用して生きてきた。そう考えれば、繰り返しになりますが、海の道を通って日本列島に渡ってきた人たちがいたとしても少しも不思議ではない。

関野 それなのに、なぜ否定論があるのか、ということですよね。それにはこれまでの「日本人論」の議論の経緯も影響しているような気がします。

ここでまた話が前後して申し訳ないのですが、日本列島に人類がどうやって来たのかについては、これまでもずいぶん議論され、論争も起きてきました。騎馬民族起源説とか、バイカル湖起源説とか……。けれど、最近はそんな論争を聞かなくなりました。そもそも人類はアフリカで誕生したわけだから、アフリカからやってきたに決まっている、と結論づけられています。

アフリカで誕生した人類に、初めから日本人というグループがあったわけではありませんし、世界中に拡散する過程で日本人というグループを作ったわけでもない。さまざまな場所から、多様な人が集まって、混血を繰り返していまの日本人になったわけです。

山極 以前は、朝鮮半島から弥生人がやってきて、もともと日本列島に住んでいた縄文人を北と南に追いやったという説もありました。その説を根拠に、北と南の人は遺伝的に近いはずだとまことしやかに語られましたが、それも否定された。

先ほどはアイヌの成立に続縄文人、擦文人、オホーツク人が関わったとおっしゃいましたが、アイヌだけが特別ではありません。日本人の祖先は、日本列島に辿り着く過程で混血を繰り返した。そして辿り着いてからも、さまざまなルートから日本列島にやってきた人たちと混血をさらに進めてきた。これは間違いありません。

関野　そう。そもそも日本人とは何か、という問題ですね。混血を繰り返しながら、日本列島に定着したと考えれば、純粋な日本人というカテゴライズはナンセンスなんです。

極寒の地に適応した決め手

関野　いまの話は、「日本人」だけに限ったことではありませんよね。すべての人類は、混血を繰り返しながら世界各地の環境に適応して広がっていきました。やがて、南米最南端にも、そして日本列島にも到達した。それが動かせない事実でしょう。

ただ、私のクセでどうしても「原点」というものが知りたくなります。

遡れば、人類がアフリカの森を出てサバンナに飛び出した瞬間から、人類の拡散は始まりました。一方、ほかのゴリラやチンパンジーなどの霊長類は森に残った。なぜ人間の祖先だけが森を出たのか。人間は進取の気性に富んだパイオニアだったのか。あるいは森の住処をゴリラやチンパンジーに奪われる弱者だったから森を出ざるをえなかったのか。ぜひ山極さんの意見を聞いてみたいと考えていました。

山極　なぜ人類の祖先が、食物が豊かな森林から、食物も乏しく危険な草原に一歩を踏み出したのか。これは第四章でも話題に出た疑問です。

結論から先に言えば、ぼくは追い出されたのではないかと考えています。

たしかに、好奇心を原動力にして森を出たという考え方もわかります。未知のものを見てみたい、この先には何があるのだろうという思いを持てる段階に達して人類は草原に出た。そして戻ってきたときに仲間に伝えた。そして仲間も出かけていき、また仲間に伝える。そうして徐々に分布域を広げていった。そんな仮説を支持する人のほうが多いかもしれません。

関野　そう考えたほうがロマンがありますからね。しかし冷静に当時の人類の生活状況や自然環境、野生動物の棲息環境を鑑みた場合はどうでしょう。当時の人類がロマンや冒険心で動いたとはとても思えません。

山極　さしたる武器もなく、身体が頑丈なわけでもないのに、未知の世界に飛び出すのかという疑問がたしかにありますね。人類はゴリラやチンパンジーと比べても身体的な武器が弱い。犬歯も小さくなり、オスの身体も小さいわけですから。
　では、なぜ弱いまま草原に出ていったのか。その問いに対する答えは、やはり追い出されて住み慣れた森を出ざるをえなかったから、そして草原への進出も、徐々に歩を進めるしか選択肢がなかった、と考えたほうが合理的です。

関野　問題はそのあとです。草原の暮らしに適応できなくて、息絶えた連中も大勢いたはずですよね。

山極　もちろんたくさんいたでしょうね。でも人類の一部は、草原で魅力的な食べ物や隠れ家を発見した。草原での暮らしに適応しながら、北へ、乾燥地帯へと進む能力を身につけたのではないかと思います。
　人類が北へ向かったことには、じつは大きな意味があったんですね。北へ行けば、どんどん病原菌が少なくなる。マラリアの心配もなくなる。関野さんも指摘していたように、熱帯雨林には細菌やウイルスがたくさん存在します。外敵となる大型の動物も少ない森林にいたのに、人間が爆発的に数を増やすことができなかったのは、この細菌やウイルスが引き起こす感染症の影響が大きかった。それは、ずっと熱帯雨林でゴリラを追っていたから痛切に実感します。ぼく自身、マラリアでは何度もひどい目に遭いましたから。

熱帯雨林に比べると北方の砂漠も過酷な環境であることには変わりはありません。けれど、砂漠には病原菌がなく虫がいない。食料さえ確保できれば、生き延びることができた。また、北のほうが食料も豊富です。日本に置き換えるとわかりやすいかもしれません。九州に比べて、北海道、東北は、冬は過酷ではあるけど、秋になるとサケが上がってくる。クルミやクリ、トチなども豊富にある。南方には少ない貴重な食料源です。

気候は過酷ではあるけれど、遡上するサケなどの新たな食料源を発見したときに、北と南の逆転現象が起こったのではないでしょうか。そしてサケを利用した技術革新が起こり、その技術を応用してより豊かな生活を送ることができるようになった。

関野　たしかに人間は熱帯や亜熱帯で生まれたから、寒さが苦手です。寒さが苦手な人類がなぜ北へ行ったのか。そして、どのようにして北の環境に適応していったのか。それを調べてみたことがあるんです。すると、人類が北緯六〇度以北に定着できたのには、ある〝決め手〟がありました。それが「えっ」と驚くほど、本当に小さなものだった。

しかし、その発明があったからこそ、人間は極寒の地に住めるようになった。『グレートジャーニー』で一緒に旅をしたシベリアのトナカイ遊牧民たちもこう言っていました。「冬のツンドラを旅するにはこの四つさえあればいい。マッチとナイフ、釣り道具、そして……」。このもうひとつが、人類が北へ進出したカギを握るものだった。山極さん、何だと思いますか？

山極　何でしょうね……。たぶん、それは針と糸なんじゃありませんか？

関野　正解です。答えは、裁縫道具。それまではトナカイなどの毛皮があっても羽織るだけだった。でも羽織るだけでは、冷気が入り込むから保温できない。極寒の地への進出には限界があった。ところが裁縫道具の発明によって、縫い合わせて密閉することが可能になった。実際、私もトナカイの毛皮の服を着て、手袋をはめて帽子を被ると、マイナス四〇度でも五〇度でも寒い思いをしたことありません。針の発明のすごさは極寒の地を旅するたびに実感しました。

山極　ユーラシアで人類が最後に進出したのが極北シベリアでした。それだけ気候が過酷で適応に時間がかかったわけですね。

関野　ほかの動物も過酷な気候のエリアには進出しています。けれど、人類がほかの動物と違うのは、身体を進化させて適応したのではないこと。たとえば、サルの北限は下北半島ですが、そのサルの北限を越えることができたのは人間だけではありません。たとえばクマも北へ進出している。しかしクマは身体を変えてホッキョクグマに進化することで寒冷地に適応しました。

山極　サルと人間の大きな違いは毛皮の有無です。サルは人間よりもずっと以前に日本列島にやってきたから、四季に身体が適応した。だから毛が生え替わって、夏毛と冬毛がある。

しかし、人間は最初から裸だから、毛が生え替わることはありません。アフリカで誕生した時点で毛を失っているし、アフリカのような直射日光の強い場所では裸のほうが有利ですからね。そしてその後も、寒冷地に住むのなら毛皮があるほうが有利だけど、身体は発達しないままだった。

関野　そのうえ、身体の耐寒性はどうかというと、たとえば、私たちとシベリア遊牧民たち北方の人を比べてもほとんど変わらないわけですね。素っ裸で零下四〇度のなかに放り出されたら、一時間もすれば私たちも北方の人も死んでしまいます。ということは、つまり人類は、進化よりも拡散のスピードが速かったということになる。

山極　そう言えるでしょうね。ただ、肌の色は環境によって変化しました。日光が強いところでは、メラニン色素が強いほうが有利ですから黒っぽくなった。一方、日があまり照らない場所では、ビタミンDを作りやすい白っぽい肌が有利になる。人類はそうやって肌の色は変えてきたけれど、毛皮を持つまでには至らなかった。その代わり動物の毛皮を上手に利用して適応した。

関野　そのとおりで、毛皮を加工したり、針を発明したり、気候に合わせた住居を作ったり……。人類がさまざまな環境に適応できた最大の要因は「文化」だったと言えますね。

しかし、それならばなぜ、そんな面倒なことまでして人類は過酷な環境に適応しなければならなかったのでしょうか。普通に考えれば、温暖で食料がある、住み慣れたエリアにとどまったほうがいいはずなのに。

それは、定着が長期間にわたると困った事態が生じてくるからなんですね。環境が良ければ死亡率は下がるし、人も集まるから人口が増える。半面、その環境だけでは支えきれないほど人口が増えてしまうと、誰かが出ていかなければならない状況に追い込まれる。

そんなとき、では誰が出ていくのか。力が強く冒険心に富んだ人が出ていったのか。私はそんなことはないと思います。

最初のうちこそ、動物を追いかけているうちに出ていったとか、好奇心にまかせて飛び出したという人もいたかもしれません。でも、時代が進めば進むほど、そうしたケースは減っていったのではないでしょうか。私は、押し出されるのは、力がない弱い人たちだったと考えています。

山極　人類はゴリラやチンパンジーよりも弱かったから、森林を追い出された。そして、いまのお話では、草原や砂漠地帯でも人類の間で同じことが起こった。人類が定着して数が増えるとその仲間のなかから弱い者たちが押し出されたというわけですね。現代に生きる先住民を見ていてもそう感じますか?

関野　そう思います。たとえば、私が約二十年前に旅した南米南端の島・フエゴ島では狩猟ができる。大型の偶蹄《ぐうてい》哺乳動物であるグアナコやアメリカダチョウがいます。ところがさらに南下してビーグル水道を越え、ナバリーノ島まで行くと、狩猟の対象となる動物がいない。島自体が狭いし、山ばかりなので動物が棲めないんです。

ナバリーノ島にはヤマナ、通称ヤーガンと呼ばれる先住民がいます。私が行ったときには、すでに純血のヤマナは二人しかいませんでしたが、そのヤマナは、アフリカで誕生した人類のなかで最も遠いナバリーノ島まで旅した人たちです。人類の祖先の旅が、好奇心や冒険心によるものだとしたら、ヤマナは最も進取の気性に富んだ向上心溢れる強い人たちのはずですよね。それが狩猟のできるフエゴ島から、できないナバリーノ島に移っていった。いわば貧乏くじを引かされた形ですが、そんな彼らが生き延びることができたのは、ナバリーノ島では狩猟ができない代わりに海産物を利用することができたからです。島には、ムール貝に似た貝やツブ貝などが無尽蔵にあります。少し海に潜れば、ホタテやタラバガニに似たチリイバラガニも捕れる。だからヤマナは生き残れたわけですが、海産物がなかったら早い時期に滅びていてもおかしくはなかったと思います。

それと同じような人たちには東南アジアでも出会いました。ベトナム戦争時にアメリカのCIAと北ベトナム政府によって二つに分断されたモンという山岳民族です。彼らの起源は中国の長江流域ですが、かつて戦乱を逃れて山の上に生活の場を移し、米作りを始めた。モンも弱いから肥沃な中国大陸から山岳部に追いやられてしまったわけですね。

ただ、面白いのは、そうやって押し出された人々が、決して弱いままではなかった、ということではないでしょうか。

誰もいないフロンティアを切り開いて、いまも生き続けているヤマナやモンがいる一方では、押し出された土地に適応できずに滅びてしまった人たちも、もちろん大勢いたはずです。

しかし、さらにもう一方では、フロンティアを切り開くことに大成功を収め、新たな文化を築いた人々もいて、追い出した人たちよりも力を持つケースも少なくなかったわけですね。その典型がイギリスと日本です。大陸から辺境の島へと移っていった人々なのに、近代になると独自に発展して、軍事力と経済力を背景に、イギリスは世界を制覇しようとした。日本も軍事力でアジア地域を支配する勢いだったが、後方支援がなく、短期間で力尽きた。

水を克服するという文化

関野　話が長くなってすみませんが、いま私は何度か「文化」という言葉を使いました。文化の定義はいろいろで、文化人類学者の数だけあるといわれていますが、人間の本能やDNAで成立するものではなく、後天的に作られるものであるという認識では一致しています。

私は、「文化とは人が生きていくことを阻害するものへの対抗手段である」という定義が好きなんですが、それは古来、旅をして移住しても新しい土地で工夫して困難を乗り越え、生き抜いてきた人々の存在が念頭にあるからなんですね。

山極　わかります。しかし、ここで話を少し戻すと、その文化力、適応力を持ってしても、人類の海への進出には時間がかかりました。それは、川にしても海にしても、水が私たちを阻害する要因だからです。また、長い期間の航海には水の蓄えが不可欠ですが、いつ雨が降るかなんて誰にもわからない。つまり水の問題の克服が人類の課題だった。

アフリカの狩猟採集民たちと暮らしてみて、ぼくも水の確保がいかに大変かは実感しました。川の水を利用するといっても、かなり汚い。病原菌がたくさんいるから、沸かさないと飲めたものではありません。だから歩きながら見つけたきれいな小川の水を葉っぱで掬《すく》って喉を潤したり、木を切ってなかに溜まった水を飲んだりしなくてはならない。天水を溜めるといっても、大きな容器が必要です。

そんな環境だから、アフリカでは朝一番の水汲みが子どもの仕事になる。大人たちに話を聞くと、みんな「水汲みは重要だけど、一番しんどい仕事だった」と口を揃えます。

関野　私もアマゾンで水の大切さは実感しました。ヤノマミは人との接触を避けるために山の頂上に家を建てます。みんな水汲みがてら山を下りて川に水浴びに行く。下るときは二十分ほどですが、帰りは水を満たした容器を担いでくるから、一時間くらい歩かなければならない。せっかく水浴びしたのに、汗だくになって帰ってくる（笑）。

山極　アマゾンでは水の事故は多くなかったですか？
関野　ときどきありましたね。
山極　アフリカでも川が増水したり、魚釣りの途中に落ちたりして水死する人が多かった。それでも川を利用しなければならない。
関野　海もそうだけど、川もまた水の恩恵と同時に人が生きていくことを阻害する一面を持っているということですね。では、その川は初期人類にとってはどんな存在で、どう利用されていたのでしょうか。
山極　もちろん、川は人類の初期から水場として大いに利用されていたはずです。それだけでなく、じつはコンゴの内陸部では九万年前の釣り針が発見されているんですね。いわゆる〝返し〟のついた本格的な釣り針で、そのころには川で魚を釣っていたことを証明しています。それ以前の初期人類の主食は肉と根茎類、そしてフルーツでしたから、釣り針が発明されたことで川魚も食べるようになった。食生活の変化が起きたことがそれでわかるわけです。
関野　なるほど。それは大きな変化ですね。
山極　この釣り針の発明は一例ですが、とにかく食料でも何でも、人類が水の資源を利用するには、大きな発想の転換や転機、何らかの技術革新がなければならなかったわけですね。

というのも、さっき話したように、川は海と同様、いまも危険な場所なんです。『海のグレートジャーニー』の映画の冒頭で、ワニと人間の双子が生まれたという神話のエピソードが出てきて、海に放したワニが守り神になるという話がありましたが、アフリカでもワニは特別な動物です。水獣のなかでもとりわけ獰猛《どうもう》で危険な動物だと恐れられている。

そのワニに、アフリカの川ではいまだに人が襲われたり、大型の家畜が引きずり込まれて消えたりしています。かつてはカバもたくさんいました。気が荒く縄張り意識が強いカバは、いまも非常に危険な動物で、人間の生活を脅かしています。

関野　そうした危険や阻害要因を乗り越えて、しかしそれでも人類は川や海に関わってきたわけですが、山極さんは人類が生活に海を、海産物を利用するようになったのはいつころからだと考えているんですか？

山極　先ほどは、南アフリカのブロンボス洞窟で十万年前の海産物の化石が出ているから、そのころには海の幸を利用したことがわかっていると言いましたが、おそらくは、ホモ・サピエンスになってからだと思います。ネアンデルタール人は主に肉を食べていたから内陸で暮らしていました。そしてホモ・サピエンスが海産物を食べ始めたということは、沿岸で暮らし始めたということを意味します。同時に、海岸もまた人類拡散のルートになったということを意味します。それまでは住む場所も移動も内陸だったでしょうから、これは大きな変化ですよね。

関野　たしかに、海産物が人類の食料となり、沿岸部が住処になったということは、現代社会にも直結する非常に大きな一歩だと感じます。

山極　ただ、それでもやはり、海はまだまだ人類の祖先にとっては未知で恐ろしい存在だった。川とは比較にならないぐらい恐ろしい存在だったのではないでしょうか。

関野　そうですね。その「人類が潜在的に抱えている海への恐怖」ということでは、たとえばアフリカ大陸の南東沖に浮かぶマダガスカル島の歴史が何かを示唆しているのかもしれません。マダガスカルは一世紀に東南アジアのボルネオ島から来た人々が上陸して現在の住人の祖先になったのですが、それまでは、人類発祥の地であるアフリカ大陸からあれだけ近いのに、直接には誰も渡ってきませんでした。東南アジアに進出した人類が、逆流するような形でマダガスカル島に渡ってきたわけです。

山極　それは、その当時、アフリカよりも東南アジアの航海技術が発達していたということですか？

関野　いや、そのころにはすでに、世界中に拡散した人類の多くが長期の航海に耐えられるだけの航海術を持っていたはずです。一世紀にはもうギリシャ語のインド洋航海案内書である『エリュトゥラー海案内記』が書かれていたし、紅海からインド沿岸、また東南アジアを経て中国沿岸を結ぶ航路上には各国の貿易船が行き交っていたわけですから。

　にもかかわらず、人間にはやはり根源的な「海への恐れ」が残っていた。海は容易には乗り出せない危険な場所だと潜在的に思われていて、だからこそアフリカ南東岸の人々がマダガスカルに渡ることはなかったのだけれど、一方で船や航海術という文化を手に入れて阻害要因を克服した人々は遠くからでもそこへやってきた。そうしたことをマダガスカルの例は物語っているんじゃないでしょうか。

山極　なるほど。

関野　そうやって考えてみると、川でも海でも、危険な障害を乗り越えて移動し、生活の場を広げてきた人類の歩みは、あらためてすごいものだったと感じますよね。私はそれにには、まず最初の一歩、森を追い出された人類がさまざまな知恵を働かせたことが大きかったと思っています。ほかの動物には真似できないような、その知恵の働きは、人類が内陸から河岸へ、あるいは内陸部から海岸部へという場面でも発揮された。

肉食獣がいて身を隠す場所のない草原でどう生きるか。人の命をすぐにのみ込む未知の川や海をいかに利用するか。そうした課題を前に、人類の祖先は試行錯誤を繰り返したはずです。そしてやがて、草原では隠れ家と栄養価の高い食物を発見した。あるいは返しのついた釣り針や舟を作り、航海術や長期の航海に適した船を造り出した。極寒の地の冷気対策には裁縫道具を発明した。

山極 それが人間が生み出した「文化」というものなんですね。さっき関野さんが紹介した定義のように、「人が生きていくことを阻害するものへの対抗手段」を作り出すことで、人類は環境に適応して生き延びることに成功した。文化が人類を生き延びさせたと言えますね。

第七章　人間だけが持つ「心」

病を治したいのは人間だけ

山極　ここまでは、関野さんと対談するにあたって、主に探検家・関野吉晴としての話を聞いてきました。しかし、関野さんは探検家でありながら医者でもあるから、人類のルーツを探るにしても、実際に踏破するだけでなく、ミトコンドリアDNAに着目して生物学的にも突き詰めるなど、いろんなことをされている。そこが関野さんの引き出しの多さに繋がっている気がします。そこで次は、医師・関野吉晴を念頭に置いて話を進めたいと思いますが、いいですか？

関野　はい。どうぞ（笑）。

山極　関野さんにしてもぼくにしても、これまでナイフ一本あれば生きていけるような熱帯雨林の狩猟採集民たちに惹かれて、そこに通い、長い時間をかけて付き合ってきました。大自然のなかで、知恵と身体を用いて雄々しく振る舞う彼らの姿には、先進国の現代人にはない強さや勇気といったものを感じます。ところが、そんな彼らの印象が一変する瞬間があるんですね。それが病に冒されたときです。大病を患っているわけでもないのに、病床に伏せる彼らは本当に弱々しく見える。ちょっと熱が出ただけなのに「オレはもうダメだ」なんて弱音を吐く。自然に対しては、あれだけ強く逞しい人間が、ちょっと体調を崩しただけで人が変わったように弱くなってしまうんですが、そのギャップが、われわれに比べてあまりにも激しい。

熱帯雨林における乳幼児死亡率の高さなども彼らの気持ちに影響を与えているのでしょうが、病気に対する恐れは都会人に比べて非常に強いのではないかと感じます。

関野さんの印象はどうですか。

関野　それはそのとおりだと思います。病気への恐れは不断にあって、しかも強い。だからこそどこの村に行っても伝統医や呪術医、あるいはシャーマンたちが一定の権威を持っているわけですね。

それについては、すぐにまた自分の話になって申し訳ありませんが、私は医学を学んだあと旅を続けるなかで、ひとつの懸念を抱いていました。行く先々で、伝統医や呪術医が私の西洋医学をライバル視、もっといえば敵視しないだろうかと思ったんです。西洋医学は急性の疾患にはとても強くて、たとえば頭痛なら鎮痛剤を与えれば、一時的ですが一発で治せます。もし私が薬を与えて、彼らが西洋医学の効果を知ってしまうと、村の伝統医たちの権威が失墜しはしないか、と不安を抱えていました。

山極　西洋医学は対症療法ですからね。伝統医療にはない即効性がある。

関野　そうなんです。たとえ頭痛の原因が精神的なものであったとしても、鎮痛剤を与えればすぐに良くなる。けれども鎮痛剤だけでは根治させるのは難しいわけで、そのあたりは伝統医やシャーマンに診てもらったほうが効果があるかもしれません。

そんなこともあるので、私が西洋医学を持ち込むことで、長年続いてきた伝統医療やシャーマンの役割などを含めた文化を壊してしまうのではないかと危惧していたわけですが、でも、それは杞憂でした。現実はまったく違ったんですね。

山極　ほう。どういうことですか?

関野　医者になって初めて足を運んだのがアマゾンのヤノマミの村だったのですが、なんとその村で最初の患者になったのが、シャーマンで、「頭が痛い。何とかしてくれ」と言うんです（笑）。原因は幻覚剤の吸いすぎなんですけどね。

ヤノマミだけでなく、チベットの村でもそうでした。初めて来た患者がアムチというチベット医だった。そこではアムチはお坊さんでもあるんですね。そのチベットに行くときも、じつはいろいろ心配していたんです。村人にあまり強い薬を与えると、お坊さんの権威を失墜させてしまうんじゃないかと。私もみんなに尊敬されているお坊さんに嫌われて、恨みを買うのはイヤですからね（笑）。

山極　そのへんはみんなダブルスタンダードなんですね。伝統医だからこそ、西洋医学の効果がわかっているのかもしれませんが。

関野　西洋医と接触のある村なら、それもあるかもしれませんね。ただ、チベットの村では、診察していてとても面白かったことがあります。患者が、お腹が痛いと私のところに来たのですが、ただの下痢だったので薬は出さず「生水を飲まないでおかゆを食べてください」と帰しました。しかし私が目の前にいるにもかかわらず、チベット医にも同じ症状を訴えている。当初は、信用されていないのかな、と感じました。また、それだけじゃなく、逆のケースもありました。チベット医に「目が痛いんだけど」と診てもらっていた患者が、すぐ隣にいる私に同じ症状を訴えるんです。

結局、チベット医療だろうが、西洋医学だろうが、患者にとっては関係がない。治療する人が誰であれ、症状が治ればいいわけです。そして二人に診てもらえば、より効果があるだろうと考えている。薬もたくさん飲むほど効くと考えている人も多い。たくさんの薬を一度に処方すると一気にすべて飲んでしまうことも珍しくない。だから薬の与え方には注意しなければならないんですが。

でも、考えてみたら、それは日本人も同じなんですよね。腰が痛いからと最初は整形外科に行って、良くならなかったら鍼灸から整体、カイロプラクティックと手当たり次第に試してみる。それでも治らなかったら、お祈りやお祓いしてもらったりする。要するに、伝統医療を信じるか西洋医学を信じるかという問題ではなく、最終的に治れば何でもいい。

山極　ぼくが付き合ってきたアフリカの人たちも、伝統医療を信じているし、西洋医にも診てもらう。二つは矛盾せずに共存していたけれど、最終的には伝統医を頼る人が多い印象を受けました。

関野　それはアンデスでも同じでした。最初は私のところに来るけれど、簡単には治らない重篤な症状の場合は、最終的にシャーマンや薬草の知識がある伝統医に頼る。それがどういうことなのかは、もう少し彼らの心の世界を見てみないとわかりませんが。

山極　いずれにしても、人間は病気になったら治りたいと思う。だから西洋医学にも伝統医療にも頼るわけですね。ぼくは、そんな病気に対する観念に、人間らしい一面が色濃く表れると考えているんです。動物のなかでも、病気やケガを治したいのは人間だけなのではないか、と。

関野　それはたしかにそうですね。動物はケガや病気を治そうとなんて、考えもしないでしょうから。

山極　ただ、ぼくはこれまで病気になったゴリラやチンパンジー、ニホンザルを数多く見てくるなかで、彼らが病気を治したいと思っているのかどうか、その疑問を抱いて観察を続けてきました。

病気を治したいと思うには、まず前提として三つの自分の存在を意識しなければなりません。ひとつは病気になる以前の健康な自分。次に病気である現在の自分。最後に病気が治った未来の自分――。その三者を意識し、比較できるかどうかが、彼らが「未来」や「目標」というものを想定できるのかどうかの判断に繋がる気がしたからです。

関野　なるほど。その話は第五章で山極さんが言われた「人間は目標を持つ動物だ」という話に繋がりますね。人間だけが目標を持って、いまの自分が将来は違う自分になるために教育をするという話と、人間は他者の評価によって生きているという話に。

そうした山極さんの結論からしても、ゴリラやニホンザルが将来の自分や他者からの評価を考えることはないんでしょうから、ケガや病気を治そうなんて思わないんじゃないですか。

山極　たしかに、ぼくが見た限りでも、彼らは病気やケガを治そうという努力はしません。静かに現状を受け入れる。それは霊長類だけではなく、ペットの動物も野生動物も同じです。

一方、人間はといえば、他人に期待される自分がいて、将来もそういう自分であり続けたい、あるいは再び期待されたいと願います。だからこそ、病気やケガから立ち直りたいと思って、病院へ足を運んで薬を飲む。

関野　とはいえ、ゴリラやチンパンジーには、体調回復をはかるために、ある種の植物などを食べる行動が見られるんですよね。

山極　ええ。最近明らかになったチンパンジーの自己治療法というのは、下痢をしたとき、産毛の生えた特殊な葉っぱを噛まずに飲み込む、というものです。そうやって腸の寄生虫を絡め取って排泄する。それはゴリラもやっています。ただ問題は、彼らがそれを腹痛や下痢を治したいと思ってやっているのかどうかで、そこがいまひとつわかっていません。

一方で、私が行く森には、何らかの事故で片手や片足を失ったり、目が潰れたりしたゴリラやチンパンジーもたくさんいます。彼らを観察してみても、ひどく意気消沈しているかといえば、まったくそんなことはありません。ふだんと変わらず淡々としている。

そんな様子を見ているとつくづく思うんですね。希望を持ったり、将来に向かって現状を、そして自分を変えようとする心を持っているのは、やはり人間だけだ、と。

関野　その「心」があるから、人間は、たとえ住み心地のいい場所から追い出されて過酷な状況に置かれても、諦めずに新たな環境に適応して、そこを住みやすい場所に変えてしまうのかもしれません。

山極　だからこそ、人間は地球上に拡散できた。追い出されたり、好奇心を持ったりする以外にも、現状に満足せずに未来に向かって努力したいと思う気持ちが、人間を新たな世界に踏み出させて、さまざまな土地でさまざまな文化を生み出させたのではないかと思います。そこではもちろん、挫折があっても諦めないという気持ちが支えになっていた。

そのことは、関野さんの旅を見ていても、何かわかるような気がします。関野さんは『海のグレートジャーニー』に三年かけましたよね。しかも三年の間に二回ゴールを先延ばしせざるをえなかった。挫折しているわけです。普通は途中でやめてしまうでしょう。けれどそれでも諦めないのは人間だから……いや、関野さんだからかな（笑）。

旅する巨大漂流物

山極　また少し探検家・関野吉晴の話に戻ってしまいますが、ぼくは『海のグレートジャーニー』のドキュメンタリーを見ていて、関野さんの「諦めない力」は尋常じゃないと思いました。失敗した時点で、もうやめようと普通は考える。でも関野さんは意に介さずに淡々と続けようとするでしょう。そんな関野さんの姿勢が、同行のクルーにも伝わる。

あれはまさに、かつて人類が未知の領域に向かって船出しようとしたときの気持ちを、そのまま表しているのではないかという気がしました。

関野　そう言われると照れますね（笑）。じつは私も当初は不安だったんです。航海に協力してくれたインドネシアのマンダール人のクルーたちが、旅の意義を理解して私たちのモチベーションに共感してくれるかわかりませんでしたから。

しかもクルーになってくれた人たちは、島では一家の大黒柱です。親にとってはかけがえのない息子であり、妻にとっては大切な夫であり、子どもにとっては尊敬する父親です。もちろん家族が生活できるだけのお金は支払っていますが、リスクを考えれば大した額とはいえないかもしれない。慣れ親しんだスラウェシ島に残って、生業のマグロの一本釣りや大工をやっていたほうが、家族とも一緒にいられるし、リスクも少ない。また、一緒に船出したとしても、航海に飽きたり、トラブルに見舞われたりしたら帰るという選択だってできたはずです。でも、一時帰国中に事故死してしまったひとり以外の全員が、最後まで航海を全うしてくれました。

そんな人たちでしたから、三年間、私は航海中、この男たちを支えているモチベーションは何なのだろうと、ずっと考えていました。そして中断を挟みながらの航海が進むうちに、船乗りとしての誇り、尊厳といってもいいような気持ちが、彼らに航海を続けさせるのではないかと思うようになったんです。オレたちはいま、誰もやったことがない航海をしているんだという誇りが彼らを支えていたような……。

山極　世界的にも過去に例がない前衛的な旅でしたからね。関野さんたちの熱意にほだされたのかもしれませんよ。

関野　そう言うと格好いいんですが、航海自体は試行錯誤の繰り返しでした。そもそも丸木をくりぬいて作った「縄文号」と名づけたカヌーも、スラウェシ島の伝統帆船の「パクール号」も、船としては扱ってもらえなかったし……（笑）。

山極　えっ、どういうことですか？

関野　国境を通過する際の税関では、私たちのカヌーは船ではなく〝巨大漂流物〟として扱われていました。まず外洋のヨットのようにエンジンがない。帆があるからヨットのはずだと主張したのですが、どの国もヨットとは認めてくれなかった。ヨットならどこの港でも自由に入れるんです。

山極　苦労して手作りしたカヌーはただの巨大な木くずだった、と（笑）。

関野　そうなんですよ。だから国境を越えるときは手続きが煩雑で、大量の書類を出さなければならなかった。航海中も軍や海上警察、海軍が来て「航行許可証はあるのか」と不審そうな顔をして聞いてくる。

山極　ドキュメンタリー映画では三年間もの歳月が圧縮されているわけだから、カメラが回っていない場面、あるいは編集で落としたシーンのほうがとてつもなく長いわけですよね。海の上では何もやることはないだろうし。

関野　やることは何もないんだけど、縄文号なら四畳半ほどの船上で四人が生活のすべてを切り回さなければならないんです。料理して食べて、航海して、排泄もする。夜はごろ寝。それを三年繰り返すわけですから、やることがない半面、非常に濃密な時間を過ごすことになります。マンダール人と、クルーとして参加した武蔵野美術大学の卒業生たちの関係性の変化も面白かったですね。

山極　ぼくがいいなと思ったのは、日本の若者が現地の言葉を一生懸命に覚えて、マンダールの船員と話しているシーン。一方のマンダールも片言の日本語を覚える。それでも若者たちはインドネシア語で会話し続けた。それが互いの関係を築くうえで大きな役割を果たしたのではないかと感じました。

若者たちは一貫してマンダールの人々の文化や慣習を学ぼうとしていましたよね。もしもほかの言語、たとえば英語を使っていたら、あれほど固い友情で結ばれることもなく、ひょっとしたら最後まで航海を続けることもなかったのではないかという気がします。

関野　雨降って地固まるといいますが、長期の航海ですから当然トラブルもありました。巨大漂流物であるカヌーは思うように進んでくれない。当然、クルーが苛立つときもあれば、早く旅を進めなければ、と焦ることもあった。いまになれば笑い話ですが、関係性がまだ築けないときは、日本人の若いクルーの接し方が気に入らないからと、マンダール人たちがボイコットしようなんて動きもあった。私は何とかなるだろうと思っていましたが、当事者の若者にとったら自分が船から下りたほうがいいのか、と本気で悩むほどでした。

そんなときは、私がリーダーでよかったと感じました。私にはアマゾンでの長い滞在のおかげで、自分でも思いもしなかった技術が身についていたからです。その技術が何かといえば、単純です。「待つ」ということ。私は失敗しても成功するまで続ければいいと考えています。また人間関係が一時悪化しても、時間が経過すれば関係が変化することも想像できた。現状がうまくいっていなくても、未来を待つという行為とその効果を、若いころから体験していました。

航海中には意識しませんでしたが、未来を待つという体験のおかげで、何度も失敗しかけた『海のグレートジャーニー』も全うできたのではないかと感じています。

諦めない力

山極　いまのお話は、逆にいえば現在の社会、とくに日本人は、待つことができなくなっているということですよね。しかしぼくは、関野さんのように待つことも諦めないことも、本来、とても人間的な精神だと思っているんです。

というのも、ゴリラやチンパンジーはそんな精神は持っていません。彼らはすぐに諦めてしまう。一度、失敗を経験していれば、あらためてチャレンジしようとはしない。ある程度の経験を積めば、そんなことはやるだけ無駄だ、とすぐに判断します。

ぼくはそれが、賢い当たり前のやり方なのではないかと思います。ではなぜ、人間だけが、失敗しても失敗しても諦めないというバカげた精神を持てたのか。おそらく、そのバカげた精神のおかげで新しい技術や文化を手に入れたり、新発見をしたりできたわけです。そして人類を地球上に拡散させる原動力になった。けれども、関野さんも感じているように、現代の人間は諦めやすくなっている。そして待つことができなくなった。まさに人間的な本質を失いかけているのではないかと感じます。

関野　なぜ日本人は、こんなに諦めやすく、しかも待てなくなったのか……。考えてみると、第五章で教育について話したときも話題になったように、効率性や利便性、即効性を求める社会というのが大きな要因なのではないでしょうか。

山極　ぼくもそう思います。諦めない。待つ……。これは現在ではなく、未来に賭ける行為です。未来に賭ける行為は、近視眼的に見るなら、とても無駄なことに見える。けれども、一見無駄な行為を続けたり、やり通したりすることがブレイクスルーやイノベーションに繋がるわけです。

関野　私が足かけ十年かけて行った『グレートジャーニー』は、ひとつの長い旅だと思っている人が多いけれど、じつは四十数個の小さなエクスペディションの連なりなんです。パタゴニア南部氷床を縦断するとか、ベーリング海峡をカヤックで横断するとか、凍結した間宮海峡を歩いて渡るとか……。数えきれないエクスペディションを繰り返してきました。

けれど、テレビ番組で『グレートジャーニー』を見た人のなかには「関野さんって失敗したことがないんですね」という感想を口にする人もいる。反論はしませんが、内心では「冗談じゃない」と思います。失敗の連続だったけど、オレは諦めなかったんだぞ、と。

たとえば、ベーリング海峡は、一万五千年前に最初に人類が渡ったときは陸続きでした。その後、暖かくなり、陸地が海に沈んでベーリング海峡ができた。それでも冬季は凍るから、その後も歩いて渡れたわけです。だから当然、私自身も歩いて渡りたかった。太古の人の旅路を辿るのが『グレートジャーニー』の目的でしたから、当然の発想ですよね。

ところが、そのベーリング海峡が、現在は温暖化の影響で三分の二しか凍結しなくなっているんです。調べてみると、歩いて渡るのは不可能だとすぐにわかりました。

山極　だったら、そこでもう諦めてしまう人もいるかもしれませんね。

関野　ただ私の場合は、旅の方法が自分の力と現地の動物の力を借りて人類の旅を追体験するということでしたから、ほかにどんな手立てがあるのかを考えました。それで次には、エスキモーのウミヤックを使おうと思ったんです。ウミヤックは流木で骨組みを作ってセイウチの皮を張った伝統的なボートで、別名スキンボートとも呼ばれています。帆も張れるし、漕いで進むこともできる。

アラスカ本土の西側にあるセントローレンス島のギャンベルという村にはエスキモーが住んでいました。そこには二十五隻のスキンボートと二十五人のキャプテンがいた。私は彼らひとりひとりに、一緒にベーリング海峡を渡らないかと声をかけました。しかし、ほとんどのキャプテンが「そんなの無理だ」「冗談じゃないよ」と肩をすくめて相手にもしてくれません。そんななか、興味を示してくれたキャプテンがたったひとりだけいました。

「この航海は世界で初めてだから、一緒に歴史を作ろう」と誘ったら、とても乗り気になってくれた。映画やドラマならここから出航という流れになるのでしょうが、しかしそうはうまくいかなかった。

シベリアからアラスカへは、西から東へ追い風が吹いているから楽に行けるのですが、逆のルートでは向かい風になります。北東から西へ、つまりアラスカ側からロシア側へ吹くときがあっても、決まって風速一五メートル以上の強風だから航海はできない。それでも三回、そのキャプテンと挑戦しましたが、ダメでした。結局、スキンボートも諦めざるをえなかった。

そして最終的にはシーカヤックで渡ったのですが、これも一筋縄ではいかなかった。海の状態が良くなるまで十日間待ちました。タイミングを見計らって海に出ましたが、シベリアへ到着するまでの二十四時間のうち、四時間の休みを挟んでずっと漕ぎ続けました。

こんなふうに、ひとつのエクスペディションを達成するために方法を模索しながら何度かチャレンジして、失敗を経験しながら成功させてきたわけですね。そしてそれを繰り返してきた。結果的に四十数個のエクスペディションはすべて成功しましたが、その過程で百や二百、あるいはそれ以上の失敗があるわけです。

山極　振り返るとひとつの成功譚のように見えるけど、そうではないということですね。これはとても重要なことです。人類の進化も歴史も、成功譚や英雄譚として捉えがちですが、人類は何度も絶滅の危機に瀕している。いや、人類の祖先の多くは絶滅した。大きな失敗を経験しているけど、誰かが成功したからこそ、いまがあるわけです。

人類はアフリカからシベリアに進出するまでは非常に時間がかかった。けれど、ベーリング海峡を渡ったあとは、あっという間に南米の最南端まで到達した。それはアフリカ起源の人類が失敗を糧に学んだからです。何度も失敗を繰り返してシベリアという極寒の地に適応していったからこそ、アラスカにも適応できた。それからは南下するほど温暖になるから、南米まで行くのは楽だった。人類は失敗を糧にする能力を持っているわけです。

余裕を失った社会

関野　成功よりも失敗から学ぶことのほうがよほど多いのに、いまは失敗できない社会になってしまった。待てない。そして失敗できない。人の評価の仕方が、そんな社会のありようを端的に象徴しています。

私がよく携わる出版の仕事を例に出すとわかりやすいかもしれません。一冊の本の出版に、いまは半年、長くても一年ほどしか時間をかけません。ひどいときは三カ月なんて話もある。たった三カ月の仕事で編集者や著者は評価されてしまう。

そんな状況でサラリーマンの編集者に求められる能力は何か。それは、〝そつのなさ〟です。ある程度売れる本を手間をかけずに作る。じっくり時間をかけていい本を作っても、売れなければ評価されない。

私たちの世代は五年、十年かけて一冊なんてざらだった。時間をかけて何かをやり遂げることが許された。失敗も大目に見てくれた。当時は編集者が「こいつは頼りないけど、将来何かやりそうだから」と取材費を出して飯を食わせてくれました。だからこそ、冒険したり、実験的なテーマや前衛的な問題にチャレンジできた。誰も一度や二度の失敗ではめげなかった。逆に失敗が自分のテーマを深める糧になると考えていました。

当時と現在では経済状況の違いも大きいのでしょうが、十年後、二十年後を見越して人を育てるゆとりがなくなってしまったのは、ほかの業種でも同じでしょう。現在の日本は、そんなふうに社会全体が短期間でそつなく仕事をこなすことを求める風潮になった。しかし、待つ余裕、失敗を許す余裕がなければ、人は育ちません。これでは、最終的には社会全体の空気が淀んでしまいます。

山極　ぼくも「締め切りは一週間後です」なんて仕事ばかりでとても窮屈です（笑）。

関野　そう（笑）。物事を落ち着いて考えて、原稿を書く時間もない。それは会社員も同じです。いまは就職するのも難しいのに、正社員になったからといって安心できる状況ではありません。二十数年前までなら終身雇用制度が生きていた。会社に入れば、年功序列で出世できるし、定年まで保証された。

山極　いまはいつクビになるか、いつ会社が潰れるかわからないから、若者たちも十年先、二十年先を考える余裕はないんですね。未来に賭けることができない。

関野　そんな時代を象徴するような話があります。二十年ほど前になりますが、南極点まで歩く探検隊が組織されました。そのメンバーのひとり、松原尚之君というのはサッポロビールの社員でした。彼は会社に「休暇をください」とお願いしたんだけど、当時のサッポロビールにそういう仕組みがなかった。そこでサッポロビールは大胆なことをやりました。彼のためというわけではなく、社員が冒険心やチャレンジ精神を発揮できるように「フロンティア休暇制度」を作ったんです。

これは、会社にはいままでと同じポストを残しておくから、一年間好きなことに挑戦してこいと社員を送り出す制度です。彼の目的は南極点到達だったけど、ボランティアでも田舎暮らし体験でも親の介護でも、何でも申請できる制度でした。

フロンティア休暇制度の第一号となった彼は、南極点に無事到達しました。数年間、サッポロビールで働いたあと、山岳ガイドに転身していまに至っています。しかしその後、フロンティア休暇制度を申請する社員は誰も出てこなかったというんですね。

山極　それはもったいないですね。

関野　みんな一年間、会社を不在にするのが怖いんです。ポストは残しておくと言われても、帰ってきたら居場所があるのか不安なのかもしれません。いや、それ以前に、一年間自由な時間があっても、何をしたらいいのかわからない。だったら仕事を続けていたほうが楽だと思っている。

山極　大学にも、一定期間勤めたら、教員が半年か一年間の休暇を得られるサバティカルという制度があります。条件は海外で見聞を広めて研究すること。でもサバティカルを取る教員は決まっているというんです。多くの研究者は、海外に行くなら日本にいるほうが安全で楽だから行きたくないと考えている。

とくに若い人が取りたがらないといいますね。子どもがいると家族と一緒に行けるだけの経済的な余裕がない。だからといって単身赴任は妻が嫌がる。なかなか出かけにくくなっているのが現状です。

残念ながら京都大学にはサバティカルはないから、ぼくは使ったことがないけれど、もしもあったら四六時中、アフリカに行って遊んでいたかもしれません（笑）。

不在を許せる心

山極　関野さんがアマゾンで培った「待つ」という気持ち、ひいては未来に賭ける思い――。これをもう一歩踏み込んで考えれば、「相手の不在を許す心」なのではないかと思います。

関野さんはマンダール人とカヌーを作り、足かけ三年も航海に出た。クルーたちは最長で四カ月も家を留守にする。妻たちは不安だったはずです。それでも許して待ってくれたわけですね。そして帰ってくるとそれまでと同じように付き合える。

これもゴリラやチンパンジーの社会では、チンパンジーにはない、人間ならではの心の動きです。ゴリラやチンパンジーの社会では、不在は絶対に許されない。ゴリラは毎日毎日顔を合わせていないと、その群れのメンバーとして認められません。チンパンジーは数日顔を合わせないケースはありますが、そんなときには再会時に一生懸命になって挨拶して関係を修復しようとする。

人間は不在を無効にできる能力を持っている。だから関野さんもぼくもアマゾンの人たちやアフリカの人たちと四十年以上も関係を続けることができるわけです。

ひょっとすると少し前、といっても数十万年くらい前までは、人間社会もゴリラやチンパンジーの社会のように、不在が関係性を断ち切っていた可能性はあります。けれど、いつからか、数日間、数週間、数カ月間……というふうに長い期間の不在を許せるようになった。だからこそ長い旅で遠くへ出かけていけるようになったんです。

関野 それは、待つことができなくなった現代社会とは逆の動きですね。

山極 いまは不在でも、数カ月後、あるいは数年後に何か大きなことをやってくれるという期待感があったから、待つことができたと思うんです。不在を許してもらえるから、人間は家族のもとを離れて、社会のなかでさまざまなことができた。これを統計学の言葉で自由度と呼びます。

しかしいまは自由度が低い社会になっている。明日結果を出さなければならないので、がんじがらめです。そんなに窮屈だと、人間が本来持つ可能性を大らかに伸ばすことなんて無理ですよね。

関野 そんな空気を醸成しているのが、効率性や経済性を追い求める生産至上主義ですね。前にも話が出たように、いまや大学教育でも効率や経済という基準ですべてを計ってしまう。それでは何かにチャレンジして、可能性を引き出すなんてできるわけがありません。

山極 同感です。一昨年よりは昨年、昨年よりは今年という右肩上がりの考え方は、本来の人間社会とは相容れないはずなんです。

ぼくは、良いものを良い状態に保っていれば、人も社会もそれでいいのではないかと思っています。新たな挑戦を始めるときは、むしろいまよりも少しレベルを下げる必要があるかもしれない。人類が新しい場所に移っていって新しい生活や社会を、そして新しい文化を作り上げてきたときのことを思えば、それが当然ですよね。とにかく、すべてにおいて時間とともに成果を上げていかなければならないというのは、人間的な発想ではない気がします。

関野　大阪商人の挨拶として有名な「儲かりまっか？」「ぼちぼちでんな」という言葉がありますね。あれが日々の挨拶だとしたら、今日は昨日よりもいいですか、と聞いているわけで、突き詰めて考えれば「昨日よりも今日のほうが儲かるべきだ」という考えが根底にあって生まれた挨拶だと言えますよね。しかし、私が四十年間付き合っているマチゲンガの人たちは、それとは対照的な意味の挨拶をするんです。

私が久しぶりに再会したマチゲンガに「アイニョビ」と声をかけると相手は「アイニョ」と返す。「アイニョ」は「存在する」という意味で、これは物にも人にも使います。「ビ」は接続語で「あなた」。つまり「あなたは存在しているか」「おお、存在しているよ」というやりとりになるわけです。

要するに「昨日よりも儲かっているか？」「以前よりも状況が良くなっているか？」ではなく、「ちゃんと生きているか？」「いままでと変わらずいるか？」という言葉の挨拶なんです。

彼らには、一昨日よりも今日、今日より明日、という考えはありません。きちんといまの生活を続けることができればいいと考えている。山極さんもおっしゃるように、私もこれが人間の生活の本質のような気がしています。重要なのは、周囲との関係性を守りながら、互いに生き続けること。マチゲンガの挨拶は、そんな人間があるべき姿を示唆しているように思えます。

山極　その点はアフリカも同じですね。アフリカでも、スワヒリ語の挨拶は「ハバリガニ」。これは「何かニュースがあるか？」という意味です。それに対して普通は「ムズリ」と答える。意味は「いいよ」ですが、「ハクナ」と答える場合もある。これは「ないよ」という意味なんです。「いつもと同じ」ということですね。同じように、リンガラ語は「サンゴニニ」と聞いて、「サンゴテ」と答える。これも「何か新しいことある？」「ない」というやりとりです。

アフリカでは「何も変わったことはない」と言えるのがいい挨拶なんです。本来、人間は安定した暮らしを求めています。もちろん変わったことも起きますが、生活は盤石で揺るがない。だからこそ、不在を許して長い付き合いができる。

関野　生活は盤石で揺るがないから、マチゲンガやヤノママミの子どもはいい意味で未来について悩んでいないんですね。そんな彼らには「将来大きくなったら何になりたい？」などという、われわれの感覚での質問なんか、まったく意味がない。基本的に彼らは狩猟採集をしながら焼き畑をしていくしかないわけだから、尊敬する人も目標とする人も、父親や兄貴たちとなるに決まっているからです。

だからといって、そのことは山極さんが前に言われた「人間は目標を持つ動物であり、目標を持つことは、いまの自分が将来は違う自分になることだ」という定義とも矛盾しないし、彼らに未来という観念がないということでもない。そこはしかし、いまの日本人にはなかなかわかりづらいところかもしれませんね。

山極　そうですね。かつては日本もそうだったのでしょうが、子どもたちが周囲の大人を自然に尊敬でき、目標にできて成長していける社会がそこにはあるということなんだから、本来、人間にとっては幸せな社会のはずなんですけどね。

ヤノマミの仁義

関野　ところで、教育の話題が出たときにも話しましたが、ヤノマミやマチゲンガの社会では、子どもが学んで成長していくのにあたっては、親が子に〝手取り足取り〟

して教えたりはしないんですね。職人の世界のように、子どもは父親や兄貴たちの姿を見ながら知識や技術を盗んでいく。

山極　それが彼らの社会の教育なんですね。そこで思うんですが、そうした教育に必要なのは「憧れ」という心理なのではないでしょうか。子どもたちに、父親や兄貴のようにできるようになりたいという気持ちがないと学ぶという姿勢は生まれない。

このことは、教育に関してぼくが前に話したことにも繋がると思います。つまり、いくら優れた教育の仕組みがあっても、何かに対する興味や関心を自分のなかで見つけなければ教育の力は発揮されないということです。そして、その興味や関心が、ヤノマミやマチゲンガの子どもたちには自然な形で芽生え、存在しているということなんでしょうね。

関野　それはそうだと思いますね。そうした社会を、逆に親の側に焦点を当てて見ると、彼らは子どもたちに対して、自分が死んでも生きていけるように、とただそれだけを考えている。「オレが死んでもこいつだけは生きていかなきゃいかん」と。だから森の植物や生き物の知識などはみっちりと叩き込みます。自然や動物はマニュアルどおりには動いてくれないから、臨機応変に動ける想像力も養わせる。そうした社会の親たちは、子どもに対して、将来ひとりで生きてほしいという以上の願いは抱いていない。

山極　親から子へ知識や技術を伝えていくためには、その仕事をやり続けなくてはいけません。いくら詳細な記録を残していても、一度失われた文化や技術は取り戻せない。

現場にいて、格好いい、美しいという観念を子どもたちが抱けなければ、文化や技術は引き継がれていきません。技術の継承に何よりも必要なのが、その文化に対する誇り……。子どもたちが大人の仕草を真似ることによって、その土地の文化が根づいていくわけです。しかし日本には、すでに失われてしまって、手遅れになってしまった技術や文化が数えきれないほどあります。それは、いまの若い学生たちが興味や関心のあるものを見つけられずに自分がいったい何をしたいのかわからなくなっていて、教育の力も発揮できなくなっている現状とも深く関わっている。

関野　技術や文化を引き継ぐには、家族や共同体も大きな要因になりますからね。家族や共同体と、そのなかにいる自分。つまりアイデンティティーというものが重要になってくる。人が不在を許されるのもアイデンティティーを持っているからです。技術や文化の断絶にしろ、若者の目的喪失にしろ、そうした日本の現状は、そのアイデンティティーが失われたからという要因が大きいのではないでしょうか。

アイデンティティーということでは、面白い事例があります。マチゲンガやヤノマミは、ほかの村を訪ねるときに、いわゆる「仁義」を切るんですね。映画の『男はつらいよ』でフーテンの寅さんが「わたくし、生まれも育ちも東京葛飾柴又です。姓は車、名は寅次郎、人呼んでフーテンの寅と発します」と語るように、自分はどこそこの生まれで、いままで何をしてきたか、と延々と文語体で口上を述べるわけです。そして相手も同じように文語体で仁義を返す。

山極 文語ですか?

関野 いや、正確には文字を持たない言語だから文語とは言えないのでしょうが、詩文的な韻を踏んだ挨拶言葉の口上ですね。たとえばヤノマミの場合は、訪問者が訪れると村の長が歓迎の挨拶を朗々と語ります。村の中庭に立ち、身振り手振りを交えながら村人全員に聞こえるような声量でリズムをつけて語る。村長の挨拶が終わると次は訪問者が立ち上がり、答礼の挨拶をする。こちらも同じような調子で朗々と語る。

私がヤノマミの村に行くときは、二十五年間ヤノマミのために看護師をしているアントニオという男に同行してもらっています。彼はマキリターレという別の先住民族でヤノマミの言葉を流暢に話せるんですが、そんなアントニオでもこの会話はわからないといいます。おそらく挨拶に特化した言葉で、昔の日本のヤクザや渡世人のような定型の口上があるんだろうと思います。
日本ではとうに失われてしまったけれど、彼らは、彼らなりの仁義という伝統的な挨拶を通して、自分のアイデンティティーを大切にしているわけですね。

「土の人」と「風の人」

山極　関野さんはいま、人はアイデンティティーを持っているから不在も許されると言われましたが、ぼくも、人はアイデンティティーを持てたからこそ、自分の知らない集団を渡り歩くことができるようになったんだと思います。
知らない集団に対して示すアイデンティティーは、言葉で説明したのかもしれないし、シンボルを身につけることだったかもしれない。とにかく、アイデンティティーを示す言語や物を通じて、自分の出身や所属する集団を明らかにする。そのことで相手は安心して受け入れてくれる。そうでなければ、こちらも不安で仕方がないでしょう。

関野　よくわかります。自然のなかで生きる先住民たちは、アイデンティティーが通じない場所に行くと、様子がまるで変わってしまいます。身のまわりの自然環境から一歩離れた途端に、手足をもがれたように頼りなくなってしまう。アマゾンの戦士や勇士も町に出た途端に猫背になり、伏し目がちに歩いている。自信なさげにしょんぼりしていますから。

山極　私も同じような経験があります。アフリカの先住民の連中と自動車で買い物に行くと、森のなかではあれだけ逞しくて格好よかったのに、みすぼらしく見えてしまう。それは、彼らが自分の記憶や価値、経験で理解している場から切り離されることで、自分自身がどこにいるのかさえ、わからなくなるからかもしれません。

ただ、人間には一方で「記憶を取り出せる」という能力が備わっています。しばらく自転車に乗っていなくても乗り方を身体が覚えている。あれと同じです。意識はしていなくても、見た途端に思い出して理解できることがある。そうすると安心できるわけです。アマゾンの戦士は森や川が見えていれば記憶で安心できるし、自分の価値や経験が通じる相手や場であれば、知らない集団の間に入っても堂々と振る舞えるんでしょうね。

関野　記憶や価値、経験……そのすべての原点が、家族やコミュニティーです。だから家族やコミュニティーのなかでは自分らしく振る舞えるけれど、一歩外に出ると落ち着かないという人も多い。歳月を遡って考えても、太古の人にとってはコミュニティーの外は敵だらけで、家族やコミュニティーだけが安全で安心できる場だったでしょうから、これは当然といえば当然ですね。

しかし、安心や安全があるからといって、家族やコミュニティーのなかにとどまる人だけではなく、そこから出て世界を広げようとする人が出てくるのは、どういうわけなのでしょうか。それは、そうした人も家族やコミュニティーには必要だったからですね。

私はじつは、コミュニティーにとどまるタイプを「土の人」、そして飛び出していくタイプを「風の人」と呼んで、分けて考えているんです。

歴史的・文化的な背景も含め、その土地の気候や気象、地形、地質、景観などを総合して表すのに「風土」という言葉を使いますが、私に言わせれば、風の人と土の人がいて風土は形成されてきた。たとえば、農民は動けないから、風通しが悪い。それを吹き飛ばしてくれるのが、移動する生業を持つ風の人、牧畜民です。風と土はどちらも必要で補完し合っている。そうして世界は広がり、繋がってきた。

たとえば、アンデスには標高四〇〇〇メートルほどの場所で暮らすリャマやアルパカの飼育民がいます。彼らが風の人である牧畜民です。彼らは農繁期になると標高二〇〇〇メートルから三〇〇〇メートルほどの場所に定住している農民の仕事を手伝います。リャマを使ってジャガイモの運搬をするんです。農民から牧畜民への報酬は、十袋運んで一袋ほど。けれどそれでは市場原理からいっても農民が損をしていることになる。本来の市場原理でいえば、百袋運んで一袋でいいわけですから。

山極　農民がそんな割に合わないことをするのは、ほかの対価があるからですか？

関野　そうなんです。牧畜民は農民の仕事を手伝ったあと、海まで足を運んで、海藻や魚の乾物、織物などを手に入れます。戻ってきた牧畜民は、農民に市場での情報を持ってくる。作物がいくらだったか、町で何が起きていたかを教える。農民はそうした情報料も含めて、十袋につき一袋を渡していたわけです。

山極　なるほど。情報が対価ですか。物と物、あるいは紙幣を介した交換ではないところがとても面白いですね。

関野　農民と牧畜民は、互いに相手がなくてはならない存在であることはわかっています。そして長い付き合いのなかで、トータルで折り合いがつけばいいと考えている。とはいえ、互いにフェアな関係かといえばそうでもない。

農民は収穫が終わると盛大な収穫祭を催します。牧畜民も招待します。宿泊所も準備して大盤振る舞いをする。そんな農民を牧畜民は終始「旦那」と呼んでわざと持ち上げ、一方の農民たちは牧畜民を「仕方ないヤツらだ」と一種の差別意識を持ちながらも丁寧に付き合っている。そんな関係ですね。

これは極北でもそうです。内陸部の人であるトナカイ遊牧民と海岸でクジラやセイウチ、アザラシを捕っている人は、互いに困ったときは助け合う。こんなふうに、常に風の人と土の人がいて、繋がること、ときに同居することで、それぞれのコミュニティーも成り立ってきたし、人間の世界は繋がってきたのだと思います。

画一化された世界のなかで

山極　そういう意味では、関野さんは世界各地の土の人を訪ね、ある意味では繋いできた「風の人」ですね。アフリカの先住民の視点に立てば、ぼくも風の人だと言えるかもしれません。

ぼくが通っている村には、ぼくのシンボルがあるんです。ぼくがいつも座っている椅子は「プロフェッサーの椅子」なんて呼ばれている。あるいは、二十年付き合っている人たちはぼくの仕草を覚えている。ぼくはよくウチワを使うんだけど、酒を飲むとウチワであおぐ真似をして「プロフェッサーだ」とみんなで笑い合っているといいます。

これは、頻繁に話題にして記憶をとどめることで、旅の人がいつ訪ねてきてもいいようにしているんじゃないか、つまり、いまはそこにいない旅人を、そのコミュニティーに繋ぎ留めようという気持ちの表れではないのかと思えるんですね。

関野 なるほど。しかし風の人の存在を繋ぎ留めたいということは、つまり相手の不在を許していることでもありますよね。そうなると、その風の人は、すでにそのコミュニティーの一員ということになる。少なくとも、そこに受け入れられている人ということになりますね。私も自分の仕草を真似されるようになったことでアマゾンの村に受け入れられた経験があるから、そうなっていく状況はよくわかります。

山極 ただ、ここでアイデンティティーの話に戻せば、彼らは訪れて去る相手が何者かわかっているから、受け入れて待つことができるわけですね。関野さんもさまざまな村を渡り歩くときにことさら自分が日本人であることを意識されたと思います。日本人だとはっきりしているから、ほかの人と付き合える。そしてそこからさらに自分が何者なのか掘り下げていくことができる。

これは異文化や異民族世界に入っていくときにとても重要なことなのではないかと思うのですが、どうでしょう。

関野 それはそのとおりですね。前にも話したとおり、私はもともとまったく異なる世界観を持つ人々と出会いたくて旅を始めました。しかし旅するなかで気づいたんです。自分の足元である自らのコミュニティーが持つ技術や文化、そして家族を、もっと見つめ直さなければ、と。そこを知らなければ、異なる世界観を理解できるわけがありません。

山極　つまり、自らのアイデンティティーを掘り下げなければ、という話ですね。

関野　ええ。ただ、その自らのアイデンティティーを相手に示す局面では、自分が日本人であるといった形の認識ではダメだということもありました。というのも、じつはアマゾン奥地の先住民には国という概念はないんですよ。都市部を歩いていれば「おまえは中国人か日本人か？」と聞いてきますが、アマゾン奥地の先住民はそれがない。だから、そこでは「日本」も「日本人」も通じないし、意味がなくなるわけです。

そもそも私が四十年ほど前に出会ったときは、マチゲンガやヤノママミは海を知りませんでした。見たことがないだけではなく、学校にも通っていないから海の存在そのものを知らない。もちろん町や都市の存在も知りません。

彼らの世界は森と川でできています。小さな川にもひとつずつ名前がついていて、どこに行けばどんな魚が捕れて、どんな動物がいるか、自分の手のひらのように知っている。だから彼らは「あなたはどこの川から来たのか」と聞くんです。

山極　川ですか。それは先住民のアイデンティティーとして、とてもいいですね。でも聞かれた日本人は困りますね。関野さんは何と答えるのですか？

関野　初めて聞かれたとき、私は「多摩川」と答えました。すると「タマガワか……。聞いたことはないけど、そこに魚はいるのか」と（笑）。

山極　彼らは自分が知っている知識で関野さんのバックボーンを探ろうとしているわけですね。

関野　そうなんです。そしてそこが面白くも思えました。その後もアマゾンの先住民と付き合っていて面白かったのは、彼らが、われわれが持っているような既成の地図を持たず、自分たちが経験で作った「頭のなかの地図」と、彼らなりの距離感で生きているという事実でした。

地図については、じつは『グレートジャーニー』で世界中を歩いているさなか、あちこちで自分たちだけの地図を紙に描いて持っている人たちがいないか、探したんです。しかし、どこにもいなかった。旅の最終盤、アフリカに入ってから、エチオピア南部でようやく出会うことができましたが、私たちと異なる地図を、それも彼らの頭にある世界が彼らなりの距離感や形で実際に描かれている地図を持っている人は、地球上にはもういなくなっているんだなと実感しました。

山極　関野さんが言うその地図は、「世界観」と言い換えてもいいのではないでしょうか。本来なら各地の人々の世界観は多様だったはずだから、それを表す多様な地図があってもいいはずなのに、という思いが関野さんにはあるんですね。

けれども、地図が画一化されていったように、いまはグローバリズムによって世界観が画一化されてしまっている。そして画一化されることで多くの弊害も生じ、人々から多くの大事なものを失わせていく。だからこそ、ぼくたちはいま、自分とは何かを深く考え、家族やコミュニティー、独自の文化や社会といったものを掘り下げていかなければならない、ということではないでしょうか。

関野　そうですね。そうすることが人類の存立基盤を確かめ、いまを生きるわれわれの原点を確かめて、今後の道を探ることに繋がるわけですから。

この対談では、話がとりとめもなく広がったり、行きつ戻りつしながらも、結局はそのことを語り合ってきたんだと思います。話し足りないことや、中途半端になった話題も多いと思いますが、それはまた今度ということにしましょうか。

あとがき

関野吉晴

私たちの遠い先祖である初期猿人は、アフリカの森で生まれた。やがて徐々に森からサバンナに進出したが、アフリカから出ることはなかった。アフリカを出たのは原人になってからだ。原人は猿人と比べると脳が大きくなっていた。適応力が増し、人口を増やし、アフリカを出るには出たが滅びてしまう。やがてネアンデルタール人などの旧人が、次に私たち新人が、アフリカを出た。

ネアンデルタール人と新人は、中東やヨーロッパで一時同居し、混血もしていたことが分子人類学の研究でわかっている。そのネアンデルタール人が滅び、新人が生き残ったのは、戦いの結果としてではなく、狩猟能力などの適応力と繁殖力に新人のほうが優れていたからだったろう。諸説あるなかで私はそう考えるのだが、それはともかく、二十種以上もの人類が滅びるなかを、新人は生き残り、アジア、ヨーロッパから新大陸に渡って、南米の最南端にまで達してしまった。

　この壮大な拡散の旅（グレートジャーニー）を、新人が成しえた「原動力」は何だったのか。なぜ新人だけが、大きな危険を冒してまで未知の世界へ挑戦し続けてきたのだろうか。動物や採集物を追いかけているうちに、あるいは好奇心と向上心が、私たちの先祖を動かしたのかもしれない。しかし時代が近くなればなるほど、弱い者が突き出されるようにして、元の居場所から動いたのではないかと思う。

　人口が増えれば、誰かが出ていかなければならない。山極さんも言うように、ゴリラやほかの動物はわざわざ未知の場所に出かけたりはしない。自分や仲間がよく知っている環境で暮らしたほうが、安全で快適に決まっているからだ。それは初期の人類やその後の人間にとっても、じつは同じことだっただろう。だから私は、既得権を持った強い者はその場に残り、弱い者が出ていったのが人類拡散の構図だと考えるのだが、その構図はしかし、単純ではなかった。

　押し出された人々の行く先は未知のフロンティアである。そこでパイオニアになり、新しい文化を作った者は生き残ったが、パイオニアになれず滅んでいったグループも多かったのではないか。パイオニアたちが新しい文化でフロンティアを「住めば都」に変えると、また人口が増え、その人口圧で外に突き出されるグループが生まれる。

その繰り返しのなかでパイオニアとなれたグループだけが生き残り、結果的に、人類の居住地を押し広げてきた——。

このような考えを、日本人類学会で発表したとき、「なぜ弱い者が出ていったのか。その説を証明するエビデンスはあるのか」と反論があった。

エビデンスとは言えないが、思い当たるものはあった。明治時代、人口の多くは農民だった。日本は長子相続なので、長男は土地を引き継ぐが、次男以下は兄の手伝いをするか、街に出て働くしかなかった。そのなかでフロンティアを求めたのが「移民」だ。太平洋を越えて南米、北米、ハワイへ、あるいは満州へ多くの人が出ていった。戦後もブラジルなどへ日本人移民が続いたが、やがて高度成長期を迎えると、外国から日本に人々がやってきた。東京の新宿区では、生まれてくる子の四人に一人は、父か母のどちらかが外国人だという。決して本国で豊かな、強い人たちではない。大久保などで働いている外国人は、家族に仕送りするために、あるいはお金を貯めて祖国に帰り、家を建てたり商売の資金とするためにやってきて、日本に住み着いているのだ。

移民のことを考えると、イギリス人考古学者が命名した「グレートジャーニー」は間違っているのではないかと思うようになった。人類拡散と、その後の混交の歴史は、

「グレートイミグレーション」と呼ぶのが正しいのではないか——と。

そして、そのグレートイミグレーションは、いまももちろん続いている。たとえばアフガニスタンやシリアなどの難民だ。ただし、ヨーロッパに向かった難民は、決して弱い人ではない。地中海を渡り、ヨーロッパに向かうためには資金が必要で、本当に弱い人たちは出るに出られず、空爆に遭って苦しんでいるからだ。人類拡散の構図が単純ではない現実がそこにも見られ、私の思考も休むときがない。

山極さんとは、元国立民族学博物館館長の石毛直道さんたちが始めた「食文化フォーラム」で知り合った。さまざまな分野の研究者が毎年テーマを決めて集まり、年三回行う学際的なシンポジウムだ。山極さんは動物学、私は文化人類学の立場で参加していた。シンポジウムが終わったあとは懇親会があり、二次会へと流れていく。そこで雑談などをするのだが、山極さんの霊長類だけにとどまらない幅広い視野と洞察力が、シンポジウムでも雑談のなかでも感じ取れた。

フィールドに出て、自分の足で歩いて、観察して、考察する。汗をかいて真実に近づいていく。そのことが説得力を後押ししている。フォーラムには各界の専門家が揃っていたし、私のようにテーマは広いが浅いというメンバーもいたが、山極さんの霊長類研究に基づく奥深い知見と幅広い視野は、フォーラムのなかでも異色だった。

二〇一二年には、東京・目黒にある国立科学博物館の自然教育園で初めての誌上対談をした。翌年に上野の科学博物館で特別展「グレートジャーニー人類の旅――この星に、生き残るための物語。」が開催されるので、関連してさまざまな分野の識者と対談することになったのだが、そのシリーズ第一回目として、月刊『望星』(二〇一二年十月号)誌上で対談したのが山極さんだった。この対談は翌年、特別展に合わせて出版された『人類滅亡を避ける道――関野吉晴対論集』(東海教育研究所刊)に収められた。

その後、京都の建仁寺の広いお堂で、山極さんとの公開対談が行われた。写真総合誌『風の旅人』の編集長、佐伯剛氏の企画だった。このときは、終わったあとも佐伯編集長の家に京都の識者たちも集まって、夜遅くまで飲みながらの雑談や議論が続けられた。

さらにその後、食文化フォーラムのあとの懇親会で、山極さんから「いつ続きをやろうか」と促された。いつもそうだが、二人で話していると話は尽きない。しかし懇親会や飲み会の場ではまとまった話ができない。そこで東海教育研究所の岡村隆編集長に相談すると、「うちでまた対談本を作ろう」ということになった。ところがそのころ、山極さんが京大総長に選ばれるかもしれないというウワサが立ち、実際に総長になってしまった。「総長になったら、忙しくて時間が取れないですね」と問うと、「いや、アフリカに行けなくなる分、日本にいる時間は長くなるから……」と言って楽観的だった。もともと理学部長で国際霊長類学会会長も務め、国際学術誌の編集長も兼ねて多忙だった山極さんだが、総長就任後は国立大学協会の会長になり、日本学術会議の会長にもなって、さらに多忙を極めるなか、対談は続くことになったのだった。

そのころにはまた、二人の対談本を作るという話が伝わって、NHK教育テレビに『スイッチ・インタビュー　達人達』という対談番組があるので、一部を収録させてくれませんか、という話もあった。話を持ってきたのは、『新グレートジャーニー日本列島にやって来た初期人類』の番組プロデューサーでもあった探検部世界の後輩、大島新君だった。相手の山極さんも出版側の岡村さんも問題ないというので、京都の嵐山と兵庫県豊岡市の植村直己冒険館で二日間にわたって収録が行われ、そのエッセンスが放送された。

NHKのこの番組は幸いにも好評であり、それまでの対談で本にできる素材もおおよそ揃ったのだが、その後も京都大学のキャンパスや武蔵野美術大学の三鷹ルームで公開対談は続き、それらの一部は対談本にも反映されることとなった。

さて、こうして作られたのがこの本なのだが、読んでいただければわかるように、話題はきわめて多岐にわたっている。山極さんの研究分野である「家族の起源」から始まって、人間の他者をいたわる共感力や利他的行動、平等意識、紛争とその調停、教育の現状やグローバリズムの問題点に至るまで、「人間らしさ」に関わる根源的な諸テーマを、山極さんは人類以前のゴリラ社会の視点から、私は同時代の伝統社会、先住民社会の視点から、思いつくまま、さまざまに語り合っている。人間の進化の歴史と、その過程で獲得したもの、サルや類人猿には見られない人間だけの文化や行動、社会の仕組み、それらすべてを成り立たせている「人間らしさ」とは何なのか。そしてその「人間らしさ」はいまどうなっていて、今後はどうなっていくのか――。

そうしたことの洗い直しと問題提起が、全体を貫くテーマと言っていいだろう。山極さんによれば、厳格な序列のなかで個人の利益と効率を優先するサルの社会と、上下関係も勝ち負けもないゴリラ社会の対比は際立っているという。ゴリラには乱婚のサルとは違って家族に近い形も見られ、他者をいたわる共感力や紛争の調停力も備わっていて、私たちの遠い祖先が偲ばれるという。人間はそこからさらに進化して、多くのものを積み重ね、今日の精緻な文化と社会を、そしてさまざまな場面での「人間らしさ」を築き上げてきたはずだった。

ところが今日、急激に進むIT化やグローバル化によって、せっかく築き上げてきたはずの「人間らしさ」が失われようとしている。家族やコミュニティーの崩壊、伝統技術や知恵の消失、教育の変容、極端な個人主義の蔓延、奪われる平等、調停の効かない紛争などはその表れだ。こうした傾向を指して、山極さんは『「サル化」する人間社会』（集英社インターナショナル）という形容で警鐘を鳴らした。私も同じ思いで本書の対談を繰り広げてきた。

しかし、「人類が失ったもの、失いつつあるものは多い」と警鐘を鳴らす一方で、私たち二人はポジティブに人間を捉えてもいる。遠い祖先から受け継いだ技術を改良し、歴史から学び、目標を持って未来を展望しようと考えられるのも人間だけだからだ。

この対談の特長は、二人が三十年、四十年の年月をかけ、しつこく深く現場に入り、自分で歩いて、見て、聞いて、身体で感じたことから考察して、互いの言葉を発信し合っていることだ。話があちこちに飛び、まとまりには欠けるにしても、根底には常に行動者の実感があり、人間と文明に対する問題意識がある。この対談は少し気障な言い方をすれば、「教科書には書かれていない文明論」、少なくともその「断章」と呼んでいいかもしれない。

私たちのこの対話から、人類の壮大な物語といまの私たちの現状を、そして未来を考えるきっかけを、少しでもつかんでいただけるなら幸いである。

最後に、この本は多くの部分をNHK対談番組のディレクターだった前田亜紀さんが録音から起こし、ライターの山川徹君が整理と補筆で文章化した元原稿を、東海教育研究所の『望星』元編集長、岡村隆さんが最終稿にまとめる形で完成した。学生時代からの探検界の仲間でもある岡村さんは、『望星』編集の傍ら何冊もの私の本を手がけてくれたが、定年を跨いで退職したあとまで編集を引き継ぎ、「編集者最後の仕事」としてこの本の完成に力を注いでくれた。最後の組版にも長年の友人である丸山純君を起用してもらい、これらすべてが私をよく知る人たちの手で進められたことにあらためて感謝したい。

そしてこの本が出ようとしているいま、あらためてもうひとつ思うのは、山極さんとはまだ話し足りない、ということだ。私が大学を辞め、山極さんが総長を辞められたあとでもいいので、ゆっくりと対話を続けていきたいと願っている。

（二〇一八年二月三日）

文庫版によせて

新たな未来を見通すヒントとして

山極寿一

もう二年以上も私たちは新型コロナウイルスによる感染症に悩まされている。世界では地震、津波、火山の噴火、洪水、旱魃《かんばつ》といった自然災害が増えているし、最近では突如、ロシアがウクライナへ侵攻して戦争状態に突入した。数十年も先の未来に立って現在を見渡せば、今がティッピングポイント（いろんな事象が閾値《しきいち》を超えて一斉に流れ出し広がる瞬間）だったと言えるのかもしれない。思い返せば、本書の基となる関野吉晴さんと私の対談が行われた頃、私たちは現代文明の脆さとその崩壊の危機を感じ取っていた。私たちの話が実に多岐に及んだのも、人類が企てた文明の危うさをとことん語りつくそうと思ったからだった。

関野さんと私の共通点は、どちらも現代文明の外に出て、大きな時間的スケールからその問題点を探ろうとした点にある。それには二人とも日本とは違う場所に通い続ける必要があった。関野さんはナイフ一本で暮らしを立てるアマゾンのマチゲンガの人々、私は道具も何も持たずに生きるコンゴ盆地のゴリラたちである。彼らとともに長年暮らした体験によって、私たちは現代人には無い知恵を身につけたし、現代の常識を根底から疑うようになった。右肩上がりの経済成長を是とする世界観や、社会に役に立つ人材を育てるべきだとする教育観は正しいのか。人間の誇りや平等意識はどのようにして作られ、そして維持されて来たのか。いったい何が現代の若者を内向きにし、目標を失わせているのだろう。

当時、世界でも文明の異変に気づき始めた識者が登場していた。イスラエルの歴史学者ユヴァル・ノア・ハラリが出した『サピエンス全史』（河出書房新社）がその先駆けである。ハラリは人類が経験した三つの革命（認知革命、農業革命、科学革命）について述べ、そのうちフィクションを信じるようになった認知革命、すなわち言語の登場が大規模な協力を可能にしたと見なす。そして、資本主義と科学が結びついて新たな宗教と化したことによって、技術優先の政策が作られグローバリズムと新自由主義が登場した。しかし、私はハラリが言語という人間にとって新しい特徴しか視野に入れなかったことに不満を抱いていた。言語以前に人間の本質が作られ、それが言語の登場以降に大きくゆがめられたことが問題なのではないかと思ったからである。

ハラリの次の著作は『ホモ・デウス』（河出書房新社）という「神となった人間」を予感させる論考であり、私たちの本の出版と同年である。ハラリは、これまでの人類の大きな課題だった飢餓、疫病、戦争を克服する見込みが二〇世紀の終わりまでについたと述べ、二一世紀には神の手、不死、幸福を追い求めていくだろうと予言した。しかし、今の私たちはそれが間違いだったことを知っている。新型コロナウイルスのパンデミックは、この地球という惑星が私たちの目に見えない細菌やウイルスに支配されていることを示した。世界では専制主義国家が増加し、ロシアのウクライナ侵略に見られるような想定外の戦争がいつでも起こり得る。遺伝子組み換えや遺伝子編集などの生命科学技術で新しい生物を作り、その技術を人間に当てはめて不死を実現しようなどという試みは、地球と生命圏の大きな反発を呼ぶのではないか。もう一度、私たちは人類の故郷である熱帯雨林と地球上に広がる原野、そしてそこに展開される文明以前の人間の暮らしに目を向けるべきではないだろうか。

関野さんと対談を続けた時期は、ちょうど私が京都大学総長、国立大学協会会長、日本学術会議会長として三足の草鞋を履いた頃だった。毎日のように大学改革をめぐって文科省や内閣府、産業界と対話を続けていた。二〇二〇年に京都大学総長と日本学術会議会長を退任する直前には、菅総理による六人の会員任命拒否が起きて対処に追われた。日本でも学術の軽視と民主主義の危機が目前に迫っていることを思い知らされる事件だった。

やっと身辺が落ち着いてからこの時代を振り返って書いたのが『京大というジャングルでゴリラ学者が考えたこと』（朝日新書）である。二〇二一年の四月には総合地球環境学研究所の所長に就任して忙しい毎日を送っている。この研究所のモットーは初代所長の日高敏隆さんの「地球環境の根幹的な問題は、広い意味での文化の問題である」という言葉にある。私はそれを基に第四期の目標を「自然・文化複合による現代文明の再構築と地球環境問題の解決へ向けた実践」とした。これは関野さんとの対談の内容が頭に残っていたからである。関野さんは本書のあとがきでこの対談を「教科書に書かれていない文明論」と呼んだ。そしてまだ語りつくせないことがあると述べている。その語りをつなぐ意味で、放送大学の稲村哲也さんのイニシアチブの下に二十六人の執筆者による『レジリエンス人類史』（京都大学出版会）を今春刊行した。関野さんも私も執筆者の一人であり、ハラリの構想を超える時間と空間のスケールをもつ大著である。ぜひ、本書と併せて読んでいただきたいと思う。

本書は図らずもコロナ後の社会の構築に不可欠な視点をたくさん提供することになった。人類の進化と文化の本質を見直し、新たな未来を見通すヒントをつかんでいただければ幸いである。

壊れつつある地球環境を維持するために

関野吉晴

この本が出版されてから四年が経つが、その間に世界史において語り継がれる大事件が二つあった。新型コロナによるパンデミックとウクライナへのロシア軍の侵攻だ。

二〇一三年、国立科学博物館で特別展「グレートジャーニー　人類の旅」を開催した時に、山極さんが所長をしている総合地球環境学研究所の協力で、ストックホルム・レジリエンス・センターのプラネタリーバウンダリー（環境を継続的に監視し続けることで地球という星を守れると考え、監視すべき対象として九項目を挙げている）を参考に、十項目「生物多様性の減少」「水問題」「気候変動」「地球温暖化」「石油資源」「海洋の酸性化」「パンデミック」「土地・人口・食料」「大気汚染と化学物質による汚染」「戦争」で構成し、展示した。九項目については解説を加えた。その中にはプラネタリーバウンダリーにはなかった「パンデミック」も入れた。

私たちが追加したひとつの項目だけは解説を書かなかった。「戦争」だ。説明するまでもなく、地球環境にとっては最悪のダメージを与える項目だから、あえて解説の必要がないと考えたからだ。

今年二月のロシアのウクライナ侵攻は「大きいことはいいことだ」「強いことはいいことだ」を誇示する暴挙で、仲裁が機能しなかった。制裁として「大量生産」「大量消費」「大量廃棄」を妨げる経済制裁はロシアにとって大きな痛手になるが、西側諸国の中でも英米以外にはエネルギーのロシア依存の問題があり、抜け穴も大きい。またバイデン政権を支える巨大軍事産業は戦争で儲ける死の商人だ。

新型コロナもロシアの武力侵攻も人間の行いによって引き起こされた。新型コロナは人間がより広く、より遠くにと開発の手を伸ばして、今まで入ったことのない野生の地域に侵入して、未知のウイルスとほぼ共生状態にあった動物に接触あるいは食べたために人間が感染したのだろう。エイズやＳＡＲＳの時と同じだ。

ウクライナの悲劇は、ＮＡＴＯの東への拡大の恐怖に加えて、ロシアの強大な軍事力によって、より広く版図を広げ、そこの皇帝になりたいというプーチンの妄想から始まっている。プーチンの野望が叶うと、世界は力が正義の時代に大きく振れてしまう。

一方私個人レベルでは、アメリカ人言語学者ダニエル・L・エヴェレットが書いた一冊の本、『ピダハン――「言語本能」を超える文化と世界観』(屋代通子訳、みすず書房)の衝撃が大きかった。

私たち人間の多くは、木から落ちて骨折したら、「あの時、あの木に登っていなければ、こんな目に遭わなくても済んだのに」と後悔する。ところが類人猿を含めて、他の動物は骨折した状態を受け入れて生きていく。それが人間と他の動物たちとの大きな違いだと思っていた。

ところが、アマゾンの採集狩猟民ピダハンは時制の考え方が人間よりも他の動物に近い。

ピダハンの関心は現在に向けられていて、直接体験したことのない文化には興味がない。自分たちの生き方こそが最高だと思っている。それ以外の価値観と同化することに、関心がない。外部の民族や文化と接触はあったが、関心を持つことはなかったし、文明の恩恵を受けようとは思っていなかった。

彼らには過去、未来がないだけでなく、左右の概念も、数の概念も、色の名前もない。過去がないので、創世神話も民話もない。見たこともない曽祖父の概念もない。葬式も墓もないし、先祖という概念もない。

彼らは、実際に見たり、体験したりしたことのない事柄を話題にすることはない。関心も示さない。関心の殆どは現在、今観ている世界だけだ。

エヴェレットは福音派の夏期言語協会の伝道師兼言語学者として、将来は聖書をピダハン語に訳する希望をもって、妻と幼い子供三人と共にピダハンの村に赴任した。しかしエヴェレットは自分のミッションに疑問を持つ。彼らに聖書の教えを受け入れさせることにどんな意味があるのか？　彼にはピダハンは常に笑っていて、楽しそうに見えた。

過去がないので、後悔がないし、未来がないので、不安がない。既に十分幸福そうに見えたのだ。

また、エヴェレットはピダハンが心配だというのを聞いたことがないし、「心配する」に対応する言語がない。ピダハンの村にＭＩＴの脳と認知科学の研究グループがやってきた時、彼らもこれまで出会った人々の中で最も幸せそうな人々だと評した。他の研究者にとってもピダハンは幸福そうに見えたようだ。エヴェレットも三十年余りで、二十以上の集団を調査したが、幸福そうな様子を示していたのはピダハンだけだった。

他の集団は自分たちの文化の自律性を守りたいのと同時に、文明の便利な商品を手に入れたいという欲望に引き裂かれていた。ピダハンにはそういう葛藤がなかったのだ。

幸せ＝財／欲望

右記の式は井上信一著『地球を救う経済学——仏教からの提言』（鈴木出版）からとった。

右記の式に対して、「西洋では分子を大きくする事によって幸せに、分母を小さくする事によって幸せになるのが東洋式・仏教式である」と井上信一は述べている。ピダハンはまさに欲望を最小限にしていることによって、どの世界よりも笑いの絶えない幸福な暮らしを続けている。

人間は目標を持つ動物である、というのが本書の考え方だ。私も目標を持って生きてきた。目標を持ったり計画性を持つようになったのは、生業が狩猟から農耕にシフトした時から始まる。多くの狩猟民は計画的に生きていないが、ピダハンはその最たるものだ。農業革命は社会全体の総量では生産量を上げ、物質的に豊かになったが、ごく一部の人間が富を独占し、多くの人々が飢えるようになった。工業化社会になって更に生産量は増えたが、富める者と富めない者の格差は広がるばかりだ。巨大な人口をかかえてしまった社会では、ピダハンのように目標を持たず、計画性もない生き方はできない。格差の問題もあり、壊れつつある地球環境を維持するためには、資本主義は限界に来ているような気がする。どうしたらいいのか、世界じゅうで様々な試みがなされている。この対談も小さな試みだが、「地球永住計画（※1）」「芸術と循環の森（※2）」プロジェクトなど、フィールドで私も様々な実験を試みている。

（二〇二二年三月二十七日）

※1　地球永住計画
孫やひ孫の世代に、「じいちゃんたちがメチャクチャなことをしたから、こんなひどい地球になってしまったんだよ」と言われないように、等身大の、自分でできることから持続可能な社会を目指して活動をしている。「火星移住計画」とは対極にある活動だ。
公式サイト　https://sites.google.com/site/chikyueiju/

※2　芸術と循環の森
一般市民及びアーティストが、エネルギー（風、バイオマス、小水力、地熱など）及び食料を自給しながら、その土地の素材でオフグリッドな家を作り、これからどのよう

な社会を目指していくかを考え、様々な実験をしていくコミュニティを作る。現在進行中の活動　①石器や骨角器、貝器　②青銅器　③単純な鉄器　④複雑な鉄器　⑤電動工具、と家造りに必要な工具は時代ごとに変化してきたが、工具の推移によって、家屋がどのように変化してきたか、持続可能な住居空間とは何か考えながら建築史をフィールドワークする。現在は①の石器を作り、縄文家屋を作り、外部と遮断して住むプロジェクトを始めている。

人類《じんるい》は何《なに》を失《うしな》いつつあるのか　朝日文庫

2022年５月30日　第１刷発行

著　者　山《やま》極《ぎわ》寿《じゆ》一《いち》　関《せき》野《の》吉《よし》晴《はる》

発行者　三宮博信
発行所　朝日新聞出版
〒104-8011　東京都中央区築地5-3-2
電話　03-5541-8832（編集）
03-5540-7793（販売）
印刷製本　大日本印刷株式会社

ISBN978-4-02-262064-4

浅田　次郎
椿山課長の七日間

突然死した椿山和昭は家族に別れを告げるため、美女の肉体を借りて七日間だけ〝現世〟に舞い戻った！　涙と笑いの感動巨編。《解説・北上次郎》

伊坂　幸太郎
ガソリン生活

望月兄弟の前に現れた女優と強面の芸能記者!?　次々に謎が降りかかる、仲良し一家の冒険譚！　愛すべき長編ミステリー。《解説・津村記久子》

伊東　潤
江戸を造った男

海運航路整備、治水、灌漑、鉱山採掘……江戸の都市計画・日本大改造の総指揮者、河村瑞賢の波瀾万丈の生涯を描く長編時代小説。《解説・飯田泰之》

今村　夏子
星の子
《野間文芸新人賞受賞作》

病弱だったちひろを救いたい一心で、両親は「あやしい宗教」にのめり込み、少しずつ家族のかたちを歪めていく……。《巻末対談・小川洋子》

宇江佐　真理
うめ婆《ばあ》行状記

北町奉行同心の夫を亡くしたうめ。念願の独り暮らしを始めるが、隠し子騒動に巻き込まれてひと肌脱ぐことにするが。《解説・諸田玲子、末國善己》

江國　香織
いつか記憶からこぼれおちるとしても

私たちは、いつまでも「あのころ」のままだ——。少女と大人のあわいで揺れる一七歳の孤独と幸福を鮮やかに描く。《解説・石井睦美》

ドナルド・キーン著／金関 寿夫訳
このひとすじにつながりて
私の日本研究の道

京での生活に雅を感じ、三島由紀夫ら文豪と交流した若き日の記憶。米軍通訳士官から日本研究者に至るまでの自叙伝決定版。《解説・キーン誠己》

佐野 洋子
役にたたない日々

料理、麻雀、韓流ドラマ。老い、病、余命告知──。淡々かつ豪快な日々を綴った超痛快エッセイ。人生を巡る名言づくし！《解説・酒井順子》

深代 惇郎
深代惇郎の天声人語

七〇年代に朝日新聞一面のコラム「天声人語」を担当、読む者を魅了しながら急逝した名記者の天声人語ベスト版が新装で復活。《解説・辰濃和男》

本多 勝一
〈新版〉日本語の作文技術

世代を超えて売れ続けている作文技術の金字塔が、三三年ぶりに文字を大きくした〈新版〉に。わかりやすい日本語を書くために必携の書。

群 ようこ
ゆるい生活

ある日突然めまいに襲われ、訪れた漢方薬局。お菓子禁止、体を冷やさない、趣味は一日ひとつなど、約六年にわたる漢方生活を綴った実録エッセイ。

山里 亮太
天才はあきらめた

「自分は天才じゃない」。そう悟った日から地獄のような努力がはじまった。どんな負の感情もガソリンにする、芸人の魂の記録。《解説・若林正恭》

網野　善彦／鶴見　俊輔
歴史の話
日本史を問いなおす

教科書からこぼれ落ちたものにこそ、この国の未来を考えるヒントがある。型破りな二人の「日本」と「日本人」を巡る、たった一度の対談。

阿部　岳
ルポ沖縄　国家の暴力
米軍新基地建設と「高江165日」の真実

米軍ヘリ炎上、産経の誤報、ネトウヨの攻撃――。基地建設に反対する市民への「暴力の全貌」と、ウソとデタラメがもたらす「危機の正体」に迫る。

伊藤　比呂美
読み解き「般若心経」

死に逝く母、残される父の孤独、看取る娘の苦悩。苦しみの生活から向かうお経には、心を支える言葉が満ちている。《解説・山折哲雄》

池澤　夏樹
終わりと始まり

いまここを見て、未来の手がかりをつかむ。沖縄、水俣、原子力、イラク戦争の問題を長年問い続けた作家による名コラム。《解説・田中優子》

内澤　旬子
漂うままに島に着き

乳癌治療後に離婚、東京の狭いマンション暮らしから地方移住を検討しはじめた著者。小豆島への引っ越しと暮らしを綴る、地方移住の顚末記。

上野　千鶴子／小笠原　文雄
上野千鶴子が聞く　小笠原先生、ひとりで家で死ねますか？

がんの在宅看取り率九五％を実践する小笠原医師に、おひとりさまの上野千鶴子が六七の質問。類書のない「在宅ひとり死」のための教科書。

朝日文庫

山極寿一
京大総長、ゴリラから生き方を学ぶ
語学力よりも感動力だ！　世界的ゴリラ研究者で、総長の仕事は「猛獣使いだ」と語る著者が、グローバル時代を生き抜く力の磨き方を伝授。

日高敏隆
生きものの世界への疑問
身近な生きものたちの謎と不思議を動物行動学者の目で観察すれば、世界は新たな発見に満ちている。《巻末エッセイ・日高喜久子》

日高敏隆
人はどうして老いるのか
遺伝子のたくらみ

すべての動物に決められた遺伝子プログラムを通して人生を見直し、潔い死生観を導く。動物行動学者ならではの老いと死についてのエッセイ。

日高敏隆
ホモ・サピエンスは反逆する
人間は特別な動物なのだろうか？　動物行動学者の先駆けが一九五〇年代から七〇年代にかけて書いたエッセイを復刻。著者の原点とも言える一冊。

白戸圭一
ルポ 資源大陸アフリカ
暴力が結ぶ貧困と繁栄

豊富な資源の眠るアフリカ大陸で暴力の嵐が吹き止まないのはなぜか？　現役記者が命の危険も顧みず取材を敢行！　渾身のルポ。《解説・成毛眞》

茨木のり子
ハングルへの旅
五〇代から学び始めたハングルは、魅力あふれる言葉だった——隣国語のおもしろさを詩人の繊細さで紹介する。